MODEL AND PRACTICE OF GEJIU CITY PILOT ZONE OF SOIL POLLUTION PREVENTION AND CONTROL

个旧市土壤污染防治先行区建设模式探索与实践

吴学勇 牛学奎 陈异晖 王舒婷 王薇 周涛◎主编

中国环境出版集团·北京

图书在版编目（CIP）数据

个旧市土壤污染防治先行区建设模式探索与实践 / 吴学勇等主编 . -- 北京 ： 中国环境出版集团， 2024. 10. -- ISBN 978-7-5111-6032-4

Ⅰ . X53

中国国家版本馆 CIP 数据核字第 2024H89T79 号

责任编辑 田 怡
封面设计 庄 琦

出版发行 中国环境出版集团
（100062 北京市东城区广渠门内大街 16 号）
网 址：http://www.cesp.com.cn
电子邮箱：bjgl@cesp.com.cn
联系电话：010-67112765（编辑管理部）
发行热线：010-67125803，010-67113405（传真）

印 刷 北京中献拓方科技发展有限公司
经 销 各地新华书店
版 次 2024 年 10 月第 1 版
印 次 2024 年 10 月第 1 次印刷
开 本 787 × 1092 1/16
印 张 11.75
字 数 200 千字
定 价 65.00 元

FOREWORD 前言

土壤是地球陆地生物的基石，是经济社会可持续发展的物质基础，关系人民群众身体健康，关系美丽中国建设。保护好土壤环境，是推进生态文明建设和维护国家生态安全的重要内容。2016 年，国务院印发《土壤污染防治行动计划》，提出发挥政府主导作用，构建土壤环境治理体系，建设土壤污染综合防治先行区。云南省委、省政府深刻把握加强土壤污染防治的重大意义，把保护好土壤环境作为推进生态文明排头兵建设和构筑西南生态安全屏障的重要内容，制定了《云南省土壤污染防治工作方案》，提出在土壤污染重点治理区探索开展土壤污染综合防治先行区建设试点，重点在土壤污染源头预防、风险管控、治理与修复、监管能力建设等方面进行探索。

个旧市具有 2000 多年有色金属开发历史，因矿而生、因矿而兴，是我国重要的以锡为主的有色金属工业基地，是世界最大的锡生产加工基地，是全国最大的锡化工中心、锡材中心和砷化工中心，素有“世界锡都”之美誉。长期的有色金属开发在为地方经济和社会的高速发展做出贡献的同时，也导致个旧市局部区域土壤污染严重，已成为美丽中国、美丽云南、美丽个旧建设的突出短板之一。个旧市委、市政府清醒认识到土壤污染综合防治面临的严峻形势，决定抓住云南省开展土壤污染综合防治先行区建设试点的机遇，开展突出问题的整治试点工作。

试点建设期间，个旧市探索建立了土壤污染综合防治先行区“外脑智库”，邀请生态环境部门领导和技术专家，赴现场开展调研督导及考察论证，对先行区建设模式、项目设计进行指导和技术把关，围绕“查、防、控、管、治”5 个关键方面，即从污染状况调查、污染源头预防、污染风险管控、监管能力建设、污染治理与修复破题，在建设用地开发利用联动监管、受污染耕地安全利用、历史遗留固体废物风险管控、土壤环境管理体系和能力建设等方面先行先试，做到一个项目切实解决一个问题，并由点及面，见成效、出模式，为云南省乃至全国探索土壤污染综合防治先行区建设提供了典型经验和有益借鉴。

本书介绍了我国土壤污染综合防治工作的发展历程，对照国家土壤污染综合防治先行区建设的总体要求，比较了个旧市与其他省、市土壤污染综合防治先行区的建设内容异同，阐述了个旧市土壤污染综合防治先行区的建设背景、总体设计、建设方向等，总结了历史遗留冶炼废渣原位风险管控技术模式、建设用地开发利用功能优化调整模式、关停选矿企业污染场地生态恢复模式、受污染耕地安全利用模式、“低累积农作物筛选种植＋钝化调理”模式，以及耕地质量精细划分模式的背景、特点、成效、应用案例及推广前景，以期为土壤环境管理者、科研工作者、咨询服务人员、工程技术人员等开展土壤环境管理、土壤环境咨询服务、土壤污染防治、土壤修复等工作提供经验和借鉴。

本书在编写过程中得到了云南省生态环境厅、个旧市人民政府、红河州生态环境局、红河州生态环境局个旧分局、南方科技大学、昆明理工大学等的大力支持与帮助，在此一并表示衷心的感谢！

因编著者水平有限，难免出现纰漏与不足，敬请读者批评指正。

编　者

2024 年 7 月

CONTENTS 目录

金支持的重点方向。“十三五”期间，中央财政共安排土壤污染防治专项资金 285 亿元，其中中央财政累计安排 33.4 亿元加大对先行区建设支持力度，占中央土壤污染防治专项资金总量的 11.7%。

经过多年实践，“十四五”期间，为稳步推进土壤污染防治工作，以实现“完善制度、储备人才、提升技术、强化能力”的目标，为深入打好土壤污染防治攻坚战夯实基础，国家进一步明确了山东省青岛市、福建省龙岩市、四川省泸州市、江苏省无锡市等 13 个土壤污染防治先行区，全国土壤污染防治先行区建设工作被推上前所未有的高度。

1.2.2 国家级土壤污染防治先行区建设情况

2016 年年底，浙江省台州市、湖北省黄石市、湖南省常德市、广东省韶关市、广西壮族自治区河池市和贵州省铜仁市六大先行区建设率先启动。

1.2.2.1 浙江省台州市

改革开放 40 多年来，台州市逐渐发展成为长三角经济最发达的地区之一。但与此同时，由于医药化工、废五金拆解、电镀、印染、造纸等重点行业发展方式较为粗放，污染物排放居高不下，土壤作为污染物的最终受体，局部地区已经受到严重污染，进而影响农产品质量、人居环境安全和居民身体健康。

20 世纪 80 年代至 21 世纪初期，台州市医药化工、电镀、金属熔炼等重点行业企业基数大，大多为“散、乱、污”企业，零散分布于居民住宅区附近，污染治理设施不完善，生产中“跑、冒、滴、漏”和偷排、暗管直排较普遍，导致有的场地土壤污染严重。21 世纪初期以来，台州市关停了大量的“散、乱、污”企业，但污染退役场地依然威胁人居环境安全和周边居民健康；打“游击战”的非法小企业、小作坊依然存在，这些企业污染物成分不同、污染程度各异，污染分布不连续，呈现斑块状特征，进一步增大了土壤污染治理修复的难度。

台州市委、市政府认识到台州市局部地区土壤污染问题突出，人与自然的矛盾日益尖锐，必须当机立断，下决心整治污染源头、修复污染土壤，打响净土保卫战。2009 年，出台实施《台州市固体废弃物拆解业整治与土壤污染修复控制实施方案》，首次尝试对受污染农田进行修复。2011 年，启动典型区域土壤污染综合治理项目，出台实施《台州市清洁土壤行动方案》。这个阶段，台州市的土壤污染综合防治工作取得了一定成效，但整体工作体系尚未形成，土壤污染的趋势并未得到

1

CHAPTER

个旧市土壤污染防治先行区的建设背景

1.1 我国土壤污染防治发展历程

随着19世纪末现代土壤学的诞生，人类逐渐认识到陆地乃至近海生物的生存和繁衍依赖于地球表面平均厚度为18 cm的表土。相较于地球6 371 km的半径，它简直是比鸡蛋壳还薄的一层物质，但这一层薄薄的物质是地球上生命密度最大的地方。土壤污染是指因人为因素导致某种物质进入陆地表层土壤，引起土壤化学、物理、生物等方面特性的改变，影响土壤功能和有效利用，危害公众健康或者破坏生态环境的现象。受污染土壤的组成、结构和功能会发生变化，微生物活动受到抑制，污染物或其分解产物在土壤中逐渐积累，通过“土壤→植物→人体”或“土壤→水→人体”间接的途径或通过经口摄入、体表接触等直接的途径进入人体循环，部分被人体吸收后，会造成不可逆的伤害。土壤污染还会导致农作物减产和农产品品质降低，农作物中某些指标超过国家标准，地下水和地表水污染，大气环境质量降低等，并最终危害人体健康。土壤环境的安全与否，直接关系到人民群众的“米袋子”“菜篮子”“水缸子”。如今，随着生活水平稳步提高、消费需求升级，人民群众对良好生态环境的期待越来越高，对土壤环境安全问题也越发关注。

1958年，在“二五”（1958—1962年）到来之际，毛泽东同志批转农业部党组《关于土壤普查鉴定工作现场会议的报告》，围绕摸清耕地土壤资源，总结农民群众鉴别、利用和改良土壤的经验，开展第一次全国土壤普查，并于1960年完成了相关普查任务。第一次全国土壤普查充分了解中国的耕地资源总量及区域分布，初步建立了一个土壤分类系统，摸清了耕地资源分布与土壤基本性状。1979年，《国务院批转农业部关于全国土壤普查工作会议报告和关于开展全国第二次土壤普查工作方案》（国发〔1979〕111号）部署了第二次全国土壤普查工作，相较于第一次全国土壤普查，第二次全国土壤普查（以下简称“二普”）拓宽了调查范围，提高了对精细度的要求。巨大的工作量，加上交通、工作条件的限制，“二普”从1975年一直持续到1994年，历时整整20年，贯穿我国“五五”至“八五”计划。其中，1975—1978年形成了“二普”的技术规程，完成了3个县的试点；1979—1984年年底，全国动用科技人员20余万人，调查县（区）2 444个、国营农（牧、林）场312个和林业区44个，挖取观测土壤剖面500多万个，采集检测土壤样品200多万个，“二普”主体工作基本完成；1985—1994年进行成果汇总。“二普”采用“自下而上”的方式，从乡镇级开展调查采样，最终汇总全国。通过这次调查，中国第一次全面查清了全国土壤资源的类型、数量、分布、基本性状等，建立了中国土壤分类系统，并编制了《中国土壤》《中国土种志》等资料和图件，摸清了中低产田的比例、分布，以及影响植物生长的主要障碍类型，为改革开放后40多年农业综合开发、耕地开垦、中低产田改造、科学施肥、农业区划等提供了重要的基础支撑。“六五”和“七五”期间，我国开展了农业土壤背景值、全国土壤环境背景值和土壤环境容量等方面的研究，积累了我国土壤环境背景含量的宝贵数据，形成《中国土壤元素背景值》《中华人民共和国土壤环境背景值图集》等重要资料文献，并在此基础上制定了我国第一个《土壤环境质量标准》，该标准于1996年开始实施。“八五”至“十五”期间开展了污染物在土壤环境中迁移转化规律和有效性、土壤污染特征和生态风险、农药及危险废物环境管理与污染控制、重金属污染土壤修复技术等方面的相关工作。2005年4月全国土壤污染状况调查工作的启动，标志着我国土壤污染防治工作真正拉开序幕。

2005年和2015年，我国先后开展了“全国土壤污染状况调查”和“全国农用地土壤污染状况详查”。前者从2005年4月持续至2013年12月，由环境保护部会同国土资源部首次开展全国土壤污染状况调查，历经9年，实际调查面积达630万km^2左右。环境保护部和国土资源部于2014年4月17日发布了《全国土壤污染状况调查公报》。公报显示，全国土壤环境状况总体不容乐观，部分地区土壤污染较重，耕地土壤环境质量堪忧，工矿业废弃地土壤的环境问题非常突出，且从污染分布情况看，南方土壤污染重于北方。全国土壤总的采样点位污染超标率为16.1%，其中轻微、轻度、中度和重度污染土壤点位比例分别为11.2%、2.3%、1.5%和1.1%，污染类型以无机型为主（82.8%），有机型次之，复合型污染比重较小。不同土地利用类型土壤的环境质量状况调查结果显示，耕地、林地、草地及未利用地土壤点位超标率分别为19.4%、10.0%、10.4%及11.4%。对照全国土壤污染状况调查的结果，在一些经济发展比较早的（如长江三角洲、珠江三角洲、东北老工业基地等）部分区域土壤污染问题较为突出，西南、中南地区土壤重金属超标范围较大，污染问题相对比较集中，表明30多年的经济高速发展给中国土壤带来了较大的影响。

2016年5月，国务院正式印发《土壤污染防治行动计划》（以下简称“土十条”），要求各单位认真贯彻落实。文件指出：“土壤是经济社会可持续发展的物质基础，关系人民群众身体健康，关系美丽中国建设，保护好土壤环境是推进生态文明建设和维护国家生态安全的重要内容。”

2018年8月31日，第十三届全国人民代表大会常务委员会第五次会议正式通过了《中华人民共和国土壤污染防治法》（以下简称《土壤污染防治法》），共7章、99条。这部法律明确了土壤污染防治应当坚持预防为主、保护优先、分类管理、风险管控、污染担责、公众参与的原则。2019年1月《土壤污染防治法》正式实施，迈出了依法治土、落实“土十条”的重要一步，从根本上改变了土壤污染防治无法可依的局面，为深入打好净土保卫战，让老百姓吃得放心、住得安心提供了法治保障。

2017年，我国启动了土壤污染状况详查工作。调查范围包括农用地土壤污染状况详查和重点行业企业用地土壤污染状况调查两个方面。农用地详查是在已有调查基础上，以耕地为重点、兼顾园地和牧草地，进行全面深入、重点突出、针对性强的调查，历时4年，共布设了55.8万个详查点位，采集分析了69.8万份详查样品，全国约3.5万人参与了这项工作。重点行业企业用地调查围绕《国民经济行业分类》中对土壤环境影响比较突出的73个重点行业小类来开展，主要集中在金属矿采选、金属冶炼、石油开采、石油加工、化工、医药制造、金属制品、电池制造、制革等行业；调查对象主要是一定规模以上或一定生产年限以上的企业。详查结果表明，我国农用地土壤环境状况总体稳定，部分区域土壤污染风险突出。全国土壤污染状况详查是土壤污染防治领域一项非常重要的“打基础”的工作，是一项重要的国情调查，基本摸清了全国农用地和企业用地土壤污染状况及潜在风险的底数，支撑了“十三五”任务目标的完成，探索形成了一整套覆盖调查全过程的技术体系和组织实施模式，锤炼了一支政治强、本领高、作风硬、敢担当的专业队伍。

近年来，在以习近平同志为核心的党中央的坚强领导下，各地区、各部门扎实推进净土保卫战、农业农村污染治理攻坚战，土壤污染风险得到基本管控，地下水生态环境保护稳步推进，农业农村生态环境治理取得积极进展。生态环境部公布的《2022中国生态环境状况公报》显示，我国土壤环境风险得到基本管控，土壤污染加重趋势得到初步遏制，重点建设用地安全利用得到有效保障，农用地土壤状况总体稳定。中国土壤污染发展历程见图 1-1。

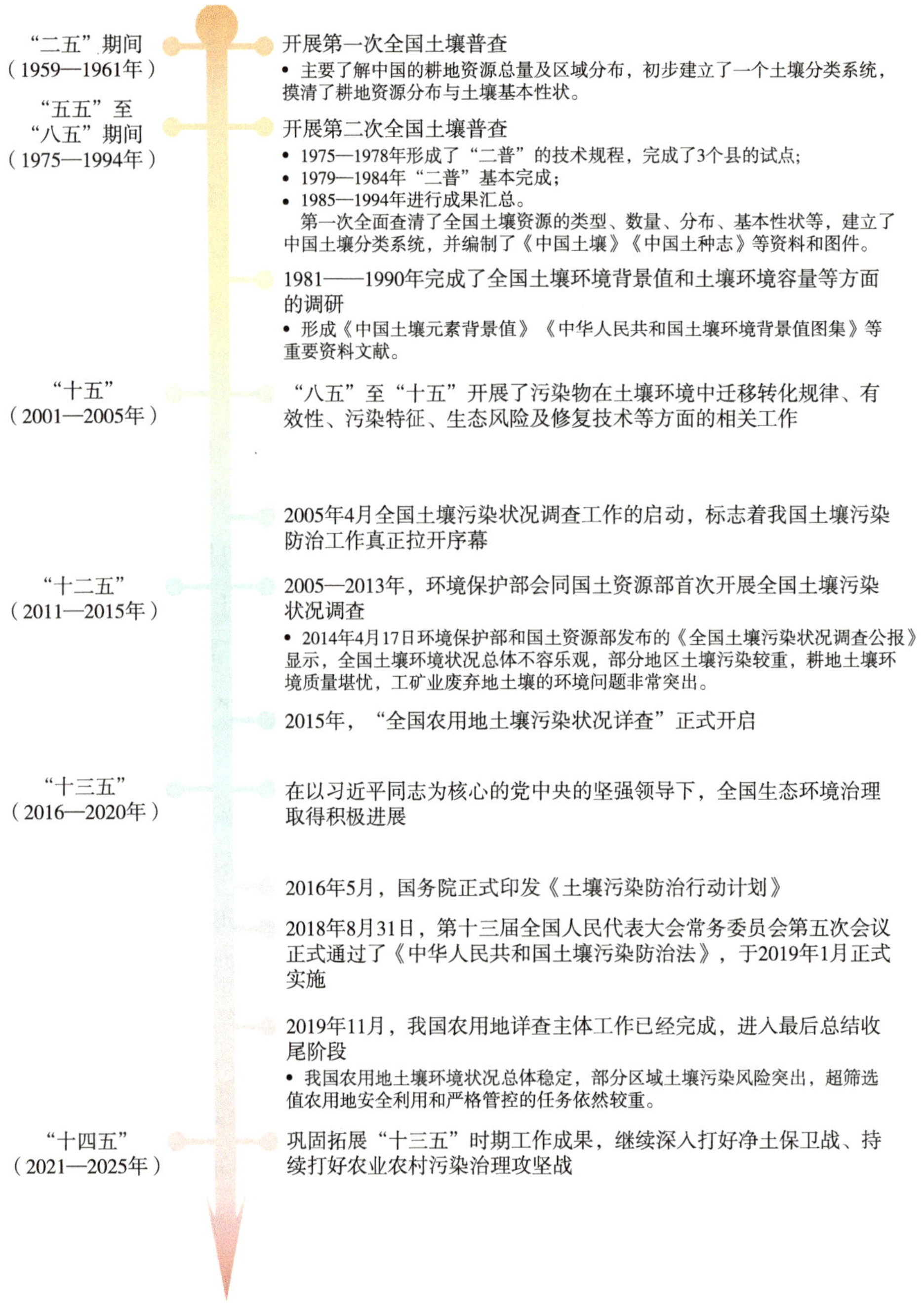

图 1-1　中国土壤污染发展历程

1.2 国家土壤污染防治先行区的提出及建设情况

1.2.1 国家土壤污染防治先行区的提出

“十三五”期间，我国土壤污染防治取得了积极成效。以建立土壤污染综合防治先行区为抓手，在源头预防、风险管控、治理与修复、监管能力建设等方面进行探索，解决了一批突出的土壤污染治理难题。2016 年 5 月，国务院发布实施的“土十条”成为我国“十三五”乃至更长一个时期全国土壤污染防治工作的纲领。“土十条”起草过程历时 3 年，5 次征求中央及国务院有关部门和单位意见，3 次征求各省（区、市）人民政府意见，修改 50 余次。“土十条”针对当前损害群众健康的突出土壤环境问题，以农用地和建设用地为重点，共提出 10 条 35 款、231 项具体措施，为我国土壤污染防治指明了方向。至此，净土保卫战正式拉开序幕。

“土十条”第二十八条建设任务明确提出：建设综合防治先行区。2016 年年底前，在浙江省台州市、湖北省黄石市、湖南省常德市、广东省韶关市、广西壮族自治区河池市和贵州省铜仁市启动土壤污染综合防治先行区建设，重点在土壤污染源头预防、风险管控、治理与修复、监管能力建设等方面进行探索，力争到 2020 年先行区土壤环境质量得到明显改善。有关地方人民政府要编制先行区建设方案，按程序报环境保护部、财政部备案。京津冀、长三角、珠三角等地区可因地制宜开展先行区建设。

2017 年 8 月，环境保护部会同财政部共同发布《关于加强土壤污染综合防治先行区建设的指导意见》（环土壤〔2017〕165 号），确定先行区建设 16 个方面的基本建设条件和 8 个方面的量化建设指标，成为先行区建设的重要指南，指导各先行区在土壤污染源头预防、风险管控、治理与修复等方面开展示范先行。先行区是“十三五”期间国家土壤污染防治任务实践的重要试验田，是体现“土十条”成效的重要载体和窗口，发挥引领全国土壤污染防治方向和进程的重要作用，先行区建设的重要目标是出模式、出经验、见效果。

土壤污染综合防治先行区建设是当前重要任务，也是中央土壤污染防治专项资有效遏制。2014 年，环境保护部将台州典型区域土壤污染综合治理项目提升为土壤污染综合防治示范区项目。2016 年 5 月，“土十条”将台州市列为全国 6 个土壤污染综合防治先行区之一。市委、市政府召开土壤污染综合防治先行区建设专题会议，解读“土十条”和先行区建设标准，全面部署土壤污染防治工作。出台《浙江省台州市土壤污染综合防治先行区建设实施方案》，明确以改善土壤环境质量为核心，以保障农产品质量和人居环境安全为出发点，坚持预防为主、保护优先、风险管控、综合治理，突出重点区域、行业和污染物，坚持防、控、治“三位一体”统筹推进先行区建设。防、控、治“三位一体”的基本思路是：防，通过强化土壤污染源头预防，深化重点行业整治提升，严防新增污染，遏制土壤污染加重的态势。控，即强化土壤环境空间管制，强化农用地分类管控，加强企业责任管理，守住安全底线，保持土壤环境质量基本稳定。治，即强化土地开发利用关键环节的环境准入关，强化污染地块环境管理治理，有序推进医药医化、电镀、拆解等重点行业企业退役场地治理修复工程，切实解决存在的突出问题，逐步削减污染存量，实现全市土壤环境质量的明显改善。目前，台州市已基本构建党委领导、政府主导、环保牵头、部门联动、齐抓共管的土壤污染综合防治工作体系，防、控、治“三位一体”取得了一定成效。

台州市全面贯彻落实习近平生态文明思想和“土十条”，坚持问题和目标导向，深入研究当前土壤污染变化趋势和现状，准确掌握土壤污染存在的问题，运用系统思维和方法，进行顶层设计和集成创新，突破了在某一方面、某一点上的瓶颈制约，打出了防、控、治“三位一体”的“组合拳”，采取的五项措施层层深入、环环相扣，既有严密的理论逻辑关系，又有可操作性强的具体方法；既符合党中央关于建设生态文明和美丽中国的总体部署要求，又符合新时代土壤污染防治的实际需要。

1.2.2.2 湖北省黄石市

有“中部硅谷”之称的湖北黄石经济开发区的电路板产能规模大、集聚程度高，周边环境敏感性和脆弱性问题显著。电路板生产工艺复杂、产排污环节众多，潜在污染物种类多、浓度高，主要包括铜、镍、银、锡等。不仅如此，生产过程中涉及的多种危险化学品、高浓度废水和固体废物，一旦管理不当，极易造成土壤和地下水污染。

黄石经济开发区为加快淘汰落后产能，建立“腾笼换鸟”倒逼机制，实行园区集聚发展。在提高行业准入门槛的同时，重点引入行业龙头企业，鼓励企业采用新技术、新工艺改造提质，从源头减少污染物产生，推动电路板产业绿色发展。2017年，黄石市人民政府编制了《黄石市土壤污染治理与修复规划（2017—2020年）》，涉及土壤污染现状与主要问题、指导思想与目标指标、主要任务、重点项目与投资、实施保障五大内容。该规划还提出了黄石市“十三五”土壤污染治理与修复的目标和指标。2018年，根据《土壤污染防治行动计划实施情况评估考核规定（试行）》《关于加强土壤污染综合防治先行区建设的指导意见》等文件的要求，结合黄石市实际情况，建立了一套黄石市土壤污染防治计划实施情况评估指标体系，为督促黄石市土壤污染防治各项任务的开展以及先行区建设成效检验提供了依据。

土壤污染防治“黄石模式”构建的指导思想是：以“源头预防”“过程阻断”“污染修复”“生态修复”“安全利用”的污染土壤全过程风险管控理论为指导，按照“建理论—明对象—诊问题—定道路—明目标—建体系—出亮点”的步骤，开展污染防控的综合分析和评估，确定黄石市土壤污染防治重点防控行业、区域、企业和重点防控的特征性污染物，从“查、防、管、治、建”5个方面出发，全面推动污染耕地、建设用地和矿山废弃地土壤污染的调查、评估、风险管控与修复的制度体系、技术体系和工程体系的建设，依托典型示范工程，构建综合性的典型黄石污染防治工程项目实施模式，全面保障黄石市污染耕地“吃得放心”和建设用地“住得安心”的目标，切实形成一批具有地方特色、可复制、可推广的土壤污染防治模式，为黄石市经济社会全面发展和“生态黄石”建设提供了坚强的土壤安全保障。

在“黄石模式”构建过程中，黄石市不断总结，按照国家发布的指导性文件，更新了《黄石市土壤污染防治2018年重点监管企业清单》，并陆续起草《黄石市污染地块土壤环境管理办法》《黄石市土壤环境重点监管企业管理办法》《黄石市土壤污染防治先行区建设容错纠错办法》等制度文件，为做好先行区工作夯实基础。

1.2.2.3 湖南省常德市

早在2009年，湖南省常德市就开展了土壤污染状况调查。从213个采集点位的土壤样品分析结果来看，土壤污染以砷、镉等元素为主。为进一步找准污染源和污染地块，湖南省常德市在土壤污染综合防治先行区建设中，再次开展了全面的摸底详查，先后对116个重点土壤污染行业企业、107个疑似污染地块、7个正规生活垃圾填埋场进行了调查，形成了《常德市污染源调查报告》《常德市污染地块调查报告》。2016年，湖南省常德市获批纳入全国6个土壤污染综合防治先行区之一，开启了新一轮“治土模式”的探索。2017年7月，常德市人民政府印发《常德市土壤污染防治工作方案》，明确常德市土壤污染防治工作的总体要求、主要任务、政策措施和实施保障。常德市土壤污染防治工作的主要任务，一是开展土壤污染环境调查，建设土壤环境质量监测网络，提升土壤环境信息化管理水平；二是实施农用地分类管理，划定农用地土壤环境质量类别，切实做好优先保护，大力推进受污染耕地安全利用，加强对严格管控类耕地的用途管理；三是实施建设用地准入管理，建立调查评估制度，分用途明确管理措施，落实各部门监管责任，严格用地准入；四是严控新增土壤污染，加强未利用地环境管理，防范建设用地新增污染，强化空间布局管控；五是加强污染源监管，严控工矿污染，控制农业污染，减少生活污染；六是开展污染治理与修复，制定治理与修复规划，有序开展治理与修复，监督目标任务落实。

常德市通过建立受污染耕地安全利用工作局际联席会议制度，来管理受污染农用地。在石门县等地通过植物萃取+农作物套作、钝化+植物阻隔等措施，推动土地安全利用，在雄黄矿区通过种植结构调整，发展不易吸收砷的改良柑橘品种，采用柑橘—蜈蚣草间套作技术进行风险管控，取得显著成效。并且，通过积极构建源头防控机制，出台《湖南常德市重金属污染防控工作方案》。在湖南省率先开展了22家土壤重点监管企业的用地调查工作，并加强日常监测监管。开展涉镉等企业排查，从源头上控制农用地环境安全。超前谋划重金属减排工作，先后关闭5家电镀企业、1家有色金属冶炼企业，对4家电镀厂、1家有色金属冶炼企业进行规范化整治，通过清洁生产、技术改造等方式进一步缩减重金属排放量。强化建设用地准入，发布《常德市污染地块名单及开发利用负面利用清单》，规定对名单内地块，未经治理修复不得开发利用。不仅如此，常德市探索建立涵盖市、县、企业三级网络数据的土壤环境管理平台，包括农用地监管、污染地块管理、专项资金项目管理、重点行业企业监管、尾矿库监管等业务管理模块，用“大数据”保护土壤。与此同时，常德分类施策，开展了化肥农药零增长行动、废弃农膜回收利用、工业场地污染治理等工作，积极探索可复制、可推广的治土模式。

常德市先行区建设的主要亮点表现在：一是确保饮用水水源地安全，通过强化监察、监测等手段掌控饮用水水源地土壤环境质量，确保饮用水水源不受污染。

二是构建常德市土壤环境信息化管理平台，对接国家级、省级管理平台，实现土壤环境管理信息化、可视化。三是推进土壤污染防治立法，2020年出台了《常德市土壤污染防治管理办法》。四是加强土壤污染防治研究，加强与高等院校、科研院所的联合，组建常德市土壤污染防治研究机构，探索砷、镉土壤污染治理与修复技术，形成一批具有地方特色、可复制、可推广的土壤污染防治模式。五是建立砷污染土壤治理产业化示范基地，构建一套“防—控—治”相结合的砷污染土壤修复与防控体系，建立覆盖全国的砷污染防治种苗基地、收获物处置基地。

1.2.2.4 广东省韶关市

韶关市地处国家生态安全格局“两屏三带”中的南方丘陵山地带的核心区，是华南地区和粤港澳区域的重要生态屏障，也是全国有名的“有色金属之乡”，是广东省重金属污染防治的重点区域。2016年5月，广东省韶关市被列入“土十条”中的污染综合防治先行区之一。韶关市生态环境突出问题主要表现在矿产开发造成的“三矿两厂”（“三矿”指乐昌铅锌矿、大宝山矿业、凡口铅锌矿，“两厂”指韶关冶炼厂、丹霞冶炼厂）。2017年6月，韶关市人民政府与广东省环境保护厅签署共建土壤污染综合防治先行区协议，搭建省、市共建机制，共同建设韶关土壤污染综合防治先行区。省、市两级重点围绕重金属污染源头防控、矿山及其周边土壤环境风险管控、复合型受污染耕地安全利用等内容，在土壤污染详查和土壤信息管理系统建设、土壤重金属污染源头管控、农用地土壤分类管理、建设用地土壤风险管控、典型区域土壤污染综合防治、土壤环境监测监管能力、土壤污染综合防治创新平台共7个方面开展合作共建，部署一场“稳、准、狠”的净土保卫战。

2019—2021年，韶关市重点建设用地和受污染耕地安全利用率均达到国家、省级目标任务要求；国家、省、市部署的建设目标落实率均达100%；2020年年底，韶关市土壤污染高风险点基本被全面掌握，土壤重金属污染源头得到有效遏制，农用地分类管理整市推进，建设用地“一张图”联动管理运行稳定，多部门联防联控管理体系全面建成，土壤污染防治技术体系初步搭建。首次开展地方性土壤环境背景值标准的探索研究，并于2021年发布《韶关市土壤环境背景值》（DB 4402/T 08—2021）标准，该标准的发布填补了韶关市土壤环境技术标准的空白。

韶关市经过多年的实践积累，形成了职责清晰、分工明确的土壤污染防治联动管理体系及“天、空、地”一体化、“一份清单”和“一张图”的科学分类管理体系。同时，韶关市勇于创新管理和进行技术储备，为韶关市建设土壤防治先行示范区，以及为“十四五”继续打好净土保卫战奠定了良好的基础。

1.2.2.5 广西壮族自治区河池市

长期以来，有色金属产业作为河池市支柱产业，为经济社会发展做出巨大贡献的同时，也导致土壤及地下水污染问题比较突出，环境风险防控形势不容乐观。2014 年以来，河池市委、市政府充分利用国家编制“土十条”契机，向环境保护部争取将河池市列为全国六个土壤污染综合防治示范区之一，通过资金支持和示范带动，推动河池市环境保护工作快速发展。2016 年 5 月，国务院正式印发“土十条”，并将河池市作为全国六个先行区之一，要求河池市政府编制先行区建设方案，并于 2016 年年底前，按程序报送环境保护部、财政部备案。

2017 年 4 月，河池市在土壤污染综合防治先行区原有建设方案的基础上，夯实土壤污染状况调查和土水统筹监测网两个基础；实施未污染、轻微污染、高风险土壤保护及管控与治理三项举措；补齐项目实施成效弱、土壤环境监管能力弱这两个短板；以及对土壤环境质量调查、土壤污染源头控制与土壤环境保护、土壤污染风险管控、污染土壤治理与修复和土壤环境监管能力建设 5 个方面的主要项目进行细化，分设 20 大类 50 小类建设项目，并明确了每个项目的内容、预期效果和投资额度。制定了可量化的考核指标，将重点工作内容及责任分解到各部门，明确牵头部门和参与部门、各部门主要工作内容及完成时间。成立河池市土壤污染防治先行区建设工作领导小组，由市长担任组长，分管环保的副市长担任副组长，各有关部门为成员单位，建立相关部门工作协调机制，确保土壤污染综合防治先行区工作及时、高效地落到实处。方案的出台和实施为河池的先行区建设提供了明确、可行的指导，在防治河池市的土壤污染和为国家探索可复制、可推广的经验方面发挥了重大的作用。

2018 年，河池市开展了土壤污染防治评估考核重点工作，将各个考核指标落实到不同部门和区县政府，并在年底实施绩效考评。各先行区均定期调度工作进度，对进度滞后的采取预警、挂牌督办、约谈等方式进行督促。河池先行区大力实践“政府管家 + 总设计师”的组织管理模式，引入国内一家投资咨询公司为河池市政府开展土壤环境管理和工程项目前期工作的总承包单位，由总承包单位实施“六统一”的项目管理模式，从而将各级环保部门从琐碎的项目管理中解放出来，更加关注土壤环境管理本职任务。河池市还继续探索在环境调查阶段实施“监理”制度，确保了调查工作的准确性。

2020年，河池市已完成土壤风险防控体系的初步构建，农田和建设用地风险状况基本摸清并进行了初步评估，土水统筹预警预防体系初步建成，高风险历史遗留砒霜场、尾矿库得到有效整治，稳步推进农用地和建设用地风险管控与治理修复，探索形成了具有西南喀斯特地貌高背景地区可复制、可推广的土壤污染防治模式，消除了区域土壤风险系统性风险，推动了区域土壤环境质量逐步改善，促进了经济社会可持续发展。

1.2.2.6 贵州省铜仁市

贵州省铜仁市汞矿开发历史悠久，境内的万山汞矿被称为“中国汞都”。2016年5月，“土十条”将铜仁市列为全国土壤污染综合防治先行区之一，在探索受污染耕地修复和安全利用方面，坚决避免和防止过度修复和治理，多管齐下、综合施策，形成万山汞矿的“三源”绿色转型升级模式，即“断源”“清源”“开源”，推进万山汞矿绿色转型；并及时调整转变农业产业发展思路，紧扣当地初显萌芽的“大生态＋大旅游”产业发展模式，调减水稻种植数量，改种油菜并创建油菜花旅游节，采用以农艺调控技术为主、钝化技术为辅的技术路径，在水稻和油菜轮作种植方式的基础上，筛选出一批低汞富集的水稻品种和油菜品种，有效地保障了粮食安全。结合实际探索出“农艺调控为主、其他技术为辅”的“1+X”技术路线，大力提倡发展不易吸收汞的作物，将万山区敖寨乡敖寨河沿岸受汞污染的农田通过农艺调整建设为食用菌基地，全面推行水田改旱田工作，重点发展黑木耳、香菇、平菇等非接土食用菌产业，创造性地提出“622”（将纯利润的60%用于贫困户，20%用于村集体经济积累，20%用于合作社管理人员奖励）产业扶贫模式，直接带动精准扶贫户260户782人受益，辐射带动了敖寨乡1 000多贫困群众致富，确保了产业发展的持续稳定。

2022年铜仁市土壤污染防治先行区建设任务全面完成，通过有关部门通力协作，全面加强土壤污染风险管控和修复治理，农用地和建设用地土壤环境安全得到有效保障，人民群众“吃得放心、住得安心”重要基础不断夯实，初步形成了独具特色的汞污染土壤防治“生态治理＋生态产业＋生态扶贫”的“铜仁模式”。

1.3 个旧市先行区的建设背景、必要性及基础

1.3.1 建设背景

个旧市位于云南省东南部，是以工业为主的资源型冶金工矿城市，是世界上著名的以锡为主的特大型多金属矿区。锡工业历来是个旧市经济的主导产业，个旧市素有“世界锡都”之美誉。个旧市同时也是云南省重要的有色金属工业基地，其有色金属资源开发已经有 2 000 多年的悠久历史。多年的采、选、冶生产给个旧市经济社会发展带来巨大红利的同时，因前期粗放的发展方式、不正确的生产经营模式、高强度的污染物排放，也给生态环境带来了严重污染，阻碍了经济社会可持续发展。

20 世纪 80 年代末、90 年代初，个旧市以铅、锌、锡等有色金属为主的采选冶产业蓬勃发展，采选冶等重点行业企业最多时达上千家。在发展的初期，由于缺乏严格的环境约束，企业规模小、技术落后、环保监管能力不足，企业盲目追求经济效益，污染防治水平低，导致局部区域土壤严重污染。随着环境保护法律法规和政策标准体系的不断完善，环境保护工作重要性愈加凸显。个旧市委、市政府清醒认识到污染防治工作面临的严峻形势，不断加强环境监管，取缔了一批规模小、污染重的小冶炼企业，在一定程度上遏制了环境污染的程度。特别是“十二五”时期以来，个旧市以重金属污染防治为核心，进一步清理整治“散、乱、污”企业，不断推进企业提标升级改造，控制了重金属污染加剧，为“十三五”时期土壤污染防治奠定了良好的工作基础。

2016 年 5 月，国家发布了“土十条”，对土壤污染防治工作进行了全面部署，提出发挥政府主导作用，建设土壤污染综合防治先行区。云南省委、省政府深刻认识土壤污染防治的重大意义，结合云南省实际制定了《云南省土壤污染防治工作方案》，探索在云南省开展土壤污染综合防治先行区建设试点工作。个旧市委、市政府紧抓机遇，全面启动个旧市省级土壤污染综合防治先行区建设工作。

2019 年 1 月 14 日，云南省生态环境厅回函个旧市政府《云南省生态环境厅关于同意个旧市列为省级土壤污染综合防治先行区建设试点的函》（云环函〔2019〕

29 号），同意将个旧市列入省级土壤污染综合防治先行区建设试点，请个旧市人民政府按照《个旧市省级土壤污染综合防治先行区方案》（以下简称《方案》）组织开展省级土壤污染防治先行区试点建设。文件还强调，个旧市政府是先行区建设的责任主体，要建立先行区建设工作协调机制，加强部门统筹协调，强化部门间信息沟通和共享，保证先行区建设工作顺利推进。

2020 年 6 月 16 日，红河州生态环境局印发了《关于对个旧市省级土壤污染综合防治先行区建设方案的批复》（红环发〔2020〕75 号），同意个旧市政府严格按照《方案》内容组织实施。个旧市省级土壤污染综合防治先行区应在规定时限内完成示范项目、地方标准或管理办法的制定，并因地制宜地探索符合个旧市土壤污染情况的修复治理模式，形成完善的土壤污染防治项目库。批复同时要求：个旧市严格遵守相关财务会计、招投标等制度；专项资金需设专用账户或专用账目，并单独核算收支情况，保证专款专用；专项资金的支出必须符合实施方案相关内容；项目完成后需委托有资质的审计部门对项目资金进行审计并出具专项审计报告。

1.3.2 建设必要性

1.3.2.1 贯彻落实“土十条”要求，促进生态文明建设的契机

为积极贯彻《云南省人民政府关于印发云南省土壤污染防治工作方案的通知》（云政发〔2017〕8 号）及《云南省土壤污染治理与修复规划》（云污防土〔2017〕16 号）关于土壤污染综合防治先行区建设要求，个旧市基于污染问题并结合已有基础，勇于创新，决定探索建立土壤污染防治先行区。先行区建设既是有效改善个旧市生态环境的重要契机，也是促进多渠道资金融入、先进污染治理技术引入、管理能力提升、解决区域土壤污染问题的重要抓手，同时，还是贯彻落实国家及云南省土壤污染防治的重要举措。因此，先行区的建设不仅拥有很好的政策指导与支持，也是功在当代、利在千秋的德政工程。

1.3.2.2 防控区域土壤污染风险，促进区域经济可持续发展的需要

个旧市是以生产锡为主并生产铅、锌、铜等多种有色金属的冶金工业城市，是中国最大的锡生产基地，也是世界上最早的产锡基地。长期以来的矿冶活动，造成了局部区域环境污染，特别是土壤重金属污染问题较为突出。具体表现在以下几个方面。

（1）农用地土壤污染问题突出，潜在环境风险较大

相关资料分析表明，个旧市历史形成的工业聚集区周边农用地存在多金属复合污染问题，超标重金属元素有 Cd、Zn、Pb 及类金属 As 等。局部区域农产品存在超标情况，涉及蔬菜及粮食等多种农产品，潜在健康风险问题突出。个旧市土壤重金属污染问题并非个例，与全省有色金属冶炼较为集中的会泽、东川、兰坪等地区存在显著相似性，污染风险亟待得到有效控制。

（2）建设用地及工矿企业用地污染底数不清，安全利用困难重重

个旧市关停、搬迁遗留场地数量多、污染情况复杂，随之而来的污染问题也十分突出，风险防控任务繁重、监管压力巨大，有色金属选冶活动造成的污染问题严重不仅制约了区域土地收储、规划和利用，而且限制了区域经济的发展，安全利用与修复治理需求迫切。

（3）采选冶尾矿 / 废渣存量体量巨大，不规范堆存污染问题突出

据统计，个旧市总计堆存各类尾矿 2.5 亿 t 以上，冶炼废渣近 2 700 万 t。冶炼废渣 / 尾矿等因冲刷、淋溶及扬尘等造成重金属释放，并向周边环境迁移，造成明显的重金属污染。不规范堆存的废渣堆 / 尾矿堆已经成为区域内潜在重大污染源头，污染问题亟须得到有效管控。

（4）土壤环境监管能力体系尚未建立，监管收效不佳

土地的管理与保护涉及多个职能部门，无法形成有效的合力，便难以充分发挥管理成效。同时，因管理方面的制约，相关信息难以共享，造成了很多资源的重复与浪费。区域性土壤联动机制及管理规范等严重缺失，监管执法困难。因此，亟须创新出台一系列卓有成效的地方性土壤环境管理规范、管理办法、区域标准等，以弥补管理上的不足。

通过探索建设先行区，势必会在上述相关方面进行一系列的试点示范及创新，虽不能完全改善区域现状，但随着该项工作的推进，在保护土地资源、改善土壤与水环境质量、保障区域农产品健康及人居环境安全、宣传生态文明理念等方面具有重要意义，为引导个旧市经济模式转型与可持续发展提供重要支撑。

1.3.2.3 探索建立新经验新模式，推动全省土壤污染综合防治工作的举措

对个旧市土壤污染综合防治先行区建设的探索，势必会在个旧市需求迫切的建设用地与农用地安全利用、废渣堆场风险管控、土壤环境管理能力体系建设等方面加大科技支撑、监管能力、政策措施与宣传教育的力度，通过在工作实践中不断总

结和创新，摸索出一套适合典型重金属污染区域土壤污染综合防治的制度政策、技术方法、经验模式。这对于个旧市、红河州乃至云南省典型重金属污染区土壤污染风险防控、修复治理等必将起到很好的引领与推动作用，示范及引导效益显著。

1.3.3 建设基础

1.3.3.1 个旧市政府牵头成立先行区建设前期准备小组

个旧市位于珠江水系与红河水系的重点防控流域，为云南省内 11 个国家级重金属重点防控区之一，区域内土壤及重金属污染形势不容乐观。但个旧市并不因此而退缩不前，而是积极采取行动，努力筹集资金，完善相关管理制度政策，积极推进重金属污染防治。

“十二五”期间，个旧市认真贯彻落实党中央、国务院及云南省关于重金属污染综合防治的各项工作部署，始终把重金属污染防治作为生态文明建设的重要内容之一，以规划为引领，以重点项目为抓手，突出重点防控污染物、区域、行业和企业，加大资金投入，强化监督考核，在转方式、调结构、促减排、保安全、防风险等方面取得积极进展，全市环境质量总体趋向改善，重金属污染物排放量明显下降，圆满完成重金属消减目标，环境质量持续改善。

“十三五”初期，个旧市借助国家大规模开展重金属及土壤污染综合防治的契机，组织实施了一系列的土壤污染综合防治及重金属污染综合治理项目，为个旧市土壤及重金属污染防治积累了经验，开了个好头，奠定了良好的组织、管理方面的基础。在国家“土十条”以及《云南省土壤污染治理与修复规划》发布后，个旧市政府为争取建设省级土壤污染综合防治先行区，及时组建先行区建设前期准备小组并迅速投入工作（图 1-2），积极与云南省生态环境厅联系，并派相关工作人员到上海市学习土壤环境管理和先行区建设方面的经验，争取得到上级主管部门的政策支持及科研院所的技术支持。个旧市委、市政府及有关部门的这种积极态度、勇于担当创新的精神，为先行区建设奠定了良好的工作基础。

图 1-2 个旧市土壤污染防治先行区建设前期工作会

1.3.3.2 大量的前期工作为项目开展实施提供强有力的支撑

“十二五”时期以来，个旧市积极推进重金属污染防治工作，先后组织开展编制了《个旧市重金属污染综合防治“十二五”规划》《个旧市沙甸地区环境综合整治实施方案（2016—2020 年）》等多个规划及方案。经过梳理，个旧市范围内的重金属污染问题已经基本清晰，同时也积累了多年度、多区域、多尺度的水、土、气等多方面的监测数据，为长期开展研究及治理奠定了良好的基础。

“十三五”时期以来，个旧市率先组织编制云南省首个县市级重金属污染防治规划，进一步指导个旧市重金属污染综合防治工作。随着《云南省土壤污染防治工作方案》实施，个旧市积极响应，先后组织申报了一系列冶炼废渣调查及分类风险管控示范、土壤污染调查修复与风险管控示范项目。从冶炼废渣、流域土壤、矿业影响区等多方面开展实施废渣、土壤污染基础调查，积累了大量的基础数据，初步摸清了个旧市土壤重金属污染的来源、分布，也积累了一些土壤污染综合防治方面的经验。这些为先行区建设奠定了扎实的基础。

1.3.3.3 沪滇合作重点支持

“十二五”时期以来，云南省与上海市在很多领域都建立了良好的合作关系，形成沪滇合作模式，云南省在技术、资金及其他有关方面都获得了上海市的大力支持，取得了丰硕的成果。“十三五”时期以来，云南省环保领域不断加强与上海环境保护局、上海市环境科学研究院的交流与合作。在云南省环境保护厅的大力支持下，个旧市政府通过积极沟通，个旧市土壤污染防治先行区建设作为环保领域合作切入点被确定为沪滇合作的重点项目，从而获得上海市在技术、人力及资金等方面更有力的支持，为先行区的建设奠定了良好的基础，见图 1-3。

图 1-3 沪滇环保科技合作

1.4 个旧市先行区建设难点

1.4.1 土壤“家底”不够清楚

个旧市虽初步开展部分重点污染源影响区的土壤环境状况调查工作，并获取了很多基础数据，但大量数据仍多分散在农业、国土及环保等多个部门，难以全面掌握区域土壤污染情况。另外，仍有大部分重点污染源影响区、非重点污染源影响区以及污染地块周边区域等未开展土壤调查。个旧市土壤“家底”总体情况仍不清楚，土壤污染摸底工作仍待深入。

1.4.2 局部土壤污染风险问题突出

个旧市涉重金属行业企业，主要以中小企业为主，大多生产工艺落后，环境管理水平低，污染治理设施不完善。由于地理、历史原因，涉重金属企业布局不尽合理，且长期延续粗放式发展，导致采选冶聚集区及周边土壤污染严重，加之污水灌溉、污染事故等，局部土壤环境污染问题突出。

1.4.3 历史遗留问题较为突出

因矿冶开发历史悠久及历史发展的局限，个旧市涉重金属产业聚集区多而散，涉重金属行业企业“散乱污”等问题普遍，历史遗留的废渣 / 尾矿体量巨大，关闭搬迁地块数量众多，涉重金属产业聚集区周边土壤污染问题突出。这些历史遗留问题，已成为破解重金属污染防治的难点和痛点。

1.4.4 土壤环境监管能力薄弱

个旧市土壤环境监管能力薄弱，环保机构基层组织不健全，环保队伍人员和业务能力总体不足，环境监测能力无法满足日常化监测需要。这种种问题都严重制约了土壤环境监督管理。同时，因受管理职能及关注点不同所制约，信息难以在相关的各个职能部门间共享，无法形成有效合力，多部门联动监管机制与能力尚未形成。

本章参考文献

[1] 中外对话．时隔 40 年，中国再次启动土壤普查意义重大 [EB/OL].(2022-08-16)[2023-10-17]. https：//chinadialogue.net/zh/7/85136.

[2] 李剑锋，冯李霄．湖南某锡矿区土壤重金属污染及健康风险评价 [J]. 中国地质，2023，50(3)：897-910.

[3] 成瑾，袁旭音，章海燕，等．云贵地区磷矿分布区农田土壤重金属污染特征及对农产品质量的影响 [J]. 生态与农村环境学报，2021，37(5)：636-643.

[4] 澎湃新闻・绿政公署．解密土十条 | 前世今生：制定历时十年，将再做全国性土壤调查 [EB/OL].(2016-05-31)[2023-12-19]. https：//www.thepaper.cn/newsDetail_forward_1476997.

[5] 中华人民共和国农业农村部．张福锁院士：四十年没“体检”，第三次全国土壤普查“生逢其时”[EB/OL].(2022-03-01)[2023-12-19]. https：//www.moa.gov.cn/ztzl/dscqgtrpc/mtbd_29140/202204/t20220419_6396858.htm.

[6] 环境保护部，国土资源部．全国土壤污染状况调查公报 [R/OL].(2014-04-17)[2023-12-19]. https：//www.gov.cn/foot/2014-04/17/content_2661768.htm.

[7] 国务院．国务院关于印发土壤污染防治行动计划的通知 [R/OL].(2016-05-28)[2023-12-19]. https：//www.gov.cn/zhengce/content/2016-05/31/content_5078377.htm.

[8] 生态环境部．农用地详查主体工作完成 农用地土壤环境状况总体稳定 [R/OL].(2019-11-30)[2023-12-19]. https：//www.gov.cn/xinwen/2019-11/30/content_5457109.htm.

[9] 生态环境部 .2022 中国生态环境状况公报 [R/OL].（2023-05-30）[2023-12-19]. https：//www.gov.cn/lianbo/bumen/202305/content_6883708.htm.

[10] 周健民 . 新世纪土壤学的社会需求与发展 [J]. 中国科学院院刊，2003，18（5）：5.

[11] 林玉锁 . 土壤环境安全及其污染防治对策 [J]. 环境保护，2007，35（1A）：4.

[12] 林芝梅 . 浅谈我国土壤污染的防治举措 [J]. 南方农业，2022，005-016.

[13] 曹玉华 . 我国农用地土壤污染治理责任分配研究 [D]. 重庆：西南政法大学，2023.

[14] 张宁宁，白雪，欧阳小雪，等 . 土壤因子与农产品品质关系研究进展 [J]. 中国无机分析化学，2023，13（6）：513-523.

[15] 联合国绿色产业发展组织 . 复合生态系统建设是实现全面小康社会的途径 [J]. 经济与社会发展研究，2013（3）：86-88.

[16] 唐近春 . 全国第二次土壤普查与土壤肥料科学的发展 [J]. 土壤学报，1989（3）：234-240.

[17] 梁二，蔡典雄，代快，等 . 中国农田土壤有机碳变化：II 土壤固碳潜力估算 [J]. 中国土壤与肥料，2010（6）：6.

[18] 刘书田 . 中国农田土壤有机碳时空分布规律及影响因素研究 [D]. 长春：吉林农业大学，2016.

[19] 谷庆宝，张倩，卢军，等 . 我国土壤污染防治的重点与难点 [J]. 环境保护，2018，46（1）：6.

[20] 台州市委改革办 . 高质量推进土壤污染综合防治先行区建设 [J]. 政策瞭望，2019（11）：46-47.

[21] 孙宁，张岩坤，丁贞玉，等 . 土壤污染防治先行区建设进展，问题与对策 [J]. 环境保护科学，2020，46（1）：7.DOI：CNKI：SUN：HJBH.0.2020-01-003.

[22] 颜彭莉，贾永锋 . 先行区探路土壤污染防治 [J]. 环境经济，2018（17）：2.

2

CHAPTER

个旧市经济社会发展概况

2.1 自然环境概况

2.1.1 地理位置

个旧市是云南省红河哈尼族彝族自治州辖县级市，又名“锡都”，地处云南省东南部、红河北岸，是世界上少数几个位于北回归线上的城市之一。个旧市位于东经102°54′～103°25′、北纬23°01′～23°36′，是滇南中心城市重要组成部分，“个开蒙”同城化、一体化发展先进区。个旧市东与蒙自市接壤，南隔红河与元阳、金平两县相望，西与建水县交界，北与开远市毗连。辖区面积1 587 km^2，市区面积12.42 km^2，距昆明市公路距离299 km。个旧市辖5个街道、4个镇、2个乡，分别为宝华街道、金湖街道、大屯街道、沙甸街道、锡城街道、鸡街镇、老厂镇、卡房镇、蔓耗镇、贾沙乡、保和乡。

个旧市因锡而立、因锡而盛、因锡而名，是云南省工业文明的发祥地，素有“世界锡都”之称，开采锡矿的历史有2 000多年，是世界最大的锡生产加工基地，是全国最大的锡化工中心、锡材中心和砷化工中心，有色金属采、选、冶等工艺技术处于世界领先地位。个旧市曾获“国家卫生城市”“中国人居环境范例奖”“中国特色魅力城市”等，被誉为“中国最适合人类居住的城市”。

2.1.2 地形地貌

个旧市位于云南山字型构造、青藏歹字型构造、南岭东西向构造及川滇南北向构造的复合部位，属高山丘陵地区，境内山脉连绵，重峦叠嶂，无明显走向，多为块状山地。山区占全域总面积的86%，全境分为平坝、中山区、低山河谷区3种不同的地貌类型，海拔为150～2 740 m，地势大体为东部、西部和中部较高，南部、北部则较低。东北部为一组山间断陷和湖盆冲积平原，海拔为1 100～1 400 m；西南部诸山被红河及其支流切割，地形破碎，谷深坡陡，海拔为500～1 500 m；中部莲花山、猴子山等一线是南盘江水系和红河水系的分水岭，海拔为2 000 m以上，最高点莲花山海拔为2 740 m。市区为一盲谷，海拔为1 684 m。

个旧市中心城区地处滇东南低山丘陵地带，是哀牢山南延的余脉地区，地势较平缓，海拔相对较低，是全省较温暖的区域。城区地形为一个南北向盲谷，属石灰岩地貌区，市区两面环山，中央是金湖，老阴山、老阳山东西对峙，老阴山海拔为 2 242 m，老阳山海拔为 1 830 m，市区海拔为 1 684 m，多丘陵、缓坡，腰部宽 1.8 km，两端宽 0.4～0.6 km，形成两山夹一湖的城市景观格局。

2.1.3 气候水文条件

个旧市属于热带山地季风性气候，且由于地处云南高原哀牢山脉东侧，受地理位置和地形条件的影响，境内气候的垂直变化显著，气候悬殊，寒、温、热三大气候并存，俗称“一山分四季，十里不同天”，立体气候特征明显。有亚热带、南亚热带、中亚热带、北亚热带、温带（部分高寒山区接近中温带）5 种不同的气候类型。年均日照数 1 968.6 h，年均气温 15.9 ℃，年均相对湿度 78%，年均降水量 1 292.8 mm，全年风向多为南风和西南风，年均风速 3.3 m/s，风力一般为 3～5 级。雨季大部分地区雨量充沛，但分布不均，干季降水少，而汛期降水来势猛、历时短、强度大。个旧市的灾害性天气多为洪灾。

个旧市处于红河水系与南盘江水系的分水岭地段，以北为南盘江支流泸江水系，主要河流有芦冲河、倘甸双河，主要水域有大屯海、个旧湖、白云水库、牛坝荒水库等；分水岭以南为红河水系，主要河流及水体有浑水河、绿水河等及兴龙水库、坝堵寨露头泉水。境内多溪流，地下水资源丰富。全市平均径流深 492.1 mm，径流量 7.36 亿 m^3。

2.1.4 土壤类型

根据土壤普查资料，全市土壤分为黄棕壤、黄壤、赤红壤、红壤、砖红壤、紫色土、石灰岩土、燥红土、水稻土、新积土 10 个土类及 12 个亚类、25 个土属、53 个土种。土壤垂直分布明显，土壤类型沿等高线呈带谱状分布；海拔 1 900 m 以上的自然土壤为黄棕壤，耕地土壤为泡灰土；海拔 1 600～1 900 m 雾气大、湿度高的地区，自然土壤多系黄壤，耕地土壤为黄泥土；海拔 1 000～1 600 m 干旱缺水的地区，自然土壤多为红壤，耕地土壤为红土、红泥田；海拔 1 000 m 以下的红河沿岸阶地和谷地，由于气候燥热，自然土壤为燥红土，耕地土壤为大燥红土和砂燥红土。

2.2 经济社会概况

根据第七次全国人口普查结果，个旧市常住人口约为41.9万人。10个乡（镇、街道）中，常住人口超过5万人的有3个，在3万～5万人的有1个，在1万～3万人的有4个，少于1万人的有2个。其中，人口居前3位的乡（镇、街道）合计人口占全市总人口比重为71.45%。全市人口中，汉族人口为233 867人，占总人口的55.77%；彝族、壮族、回族、苗族、傣族、哈尼族等少数民族人口为185 447人，占总人口的44.23%。2023年，全年城镇新增就业人数6 480人，年末实有城镇登记失业人数4 594人。

个旧市是以工业为主的资源型冶金工矿城市，2023年，个旧市实现地区生产总值417.1亿元。其中，第一产业增加值为24.91亿元，同比增长4.5%；第二产业增加值为212.52亿元，同比下降3.5%；第三产业增加值为179.66亿元，同比增长3.9%。三次产业结构比重为6∶51∶43。全市人均地区生产总值为99 987元。

2023年，个旧市全年一般公共预算收入12.94亿元，同比增长1.8%，其中税收收入8.48亿元，同比下降6.5%；非税收入完成4.47亿元，同比增长22.6%。地方一般公共预算支出35.4亿元，同比增长3.3%，其中重点民生支出27.76亿元，占一般公共预算支出的比重达78.4%。

2.3 土地资源及利用现状

个旧市全市土地总面积155 746.69 hm^2，其中农用地面积为116 901.63 hm^2，占总土地面积的75.06%；建设用地面积为12 392.89 hm^2，占总土地面积的7.96%；未利用地面积为26 452.17 hm^2，占总土地面积的16.98%。个旧市是云南省建市较早的重要工业城市，其矿产资源极为丰富，相应的采矿及其他独立建设用地的面积也较多，全市有采矿及其他独立建设用地 6 547.85 hm^2，约占红河哈尼族彝族自治州工矿用地的一半的面积。

个旧市受地貌、气候和水热条件的综合影响，土地利用受到多种制约。按坡度统计，耕地中坡地多，平地少，陡坡地一旦植被遭到破坏，很容易扩大水土流失面积或造成滑坡、泥石流等灾害；同时，坡度较大会极大地限制林牧业和城镇、交通的建设与发展，加剧了人地矛盾，成为影响全市土地利用的主要制约因素；此外，干旱、洪涝、水土流失、地质灾害等对土地利用的影响和制约也很大。

2.4 矿产资源开发与利用现状

2.4.1 矿产资源

个旧市是以工业为主的资源型冶金工矿城市，是世界上著名的以锡为主的特大型多金属矿区，锡工业历来是个旧市经济的主导产业，因此个旧市素有“世界锡都”之美誉。个旧市的矿藏资源种类多达 28 种。已探明有色金属锡、铜、铅、锌、钨及稀贵金属铋、铍、铟、镓、锗、镉、金、银等达 23 种，保有储量近 300 万 t，潜在储量 450 万 t。其中，锡的保有储量 90 多万 t，占中国锡储量的 1/3，潜在经济价值巨大。非金属矿有霞石、石膏、石英、长石、云母等，霞石储量约 30 亿 t，为全国霞石储量之冠。“十三五”期间，全市 10 种有色金属产量为 356.11 万 t，年均产量为 71.2 万 t。

2.4.2 采矿权现状

截至 2020 年年底，个旧市已设采矿权 94 个，登记面积 157.56 km^2。其中，按矿产勘查开采分类目录划分：第一类矿产 60 个、第二类矿产 8 个、第三类矿产 26 个；按开采矿种划分：能源矿产 1 个、黑色金属 1 个、有色金属 59 个、非金属矿产 32 个、水气矿产 1 个；按生产规模划分：大型矿山 20 个、中型矿山 29 个、小型矿山 45 个。

2.4.3 矿产资源“三率”水平

个旧市大中型重点矿山“三率”执行情况较好，其中：卡房分公司锡矿开采回采率 90.59%、选矿回收率 63.42%、综合利用率 55%；老厂分公司锡矿开采回采率 93.21%、选矿回收率 75.98%、综合利用率 43%；大屯锡矿开采回采率 96.23%、选矿回收率 79.27%、综合利用率为 67%。小型矿山企业“三率”水平低于大中型采选冶企业，仍有较大的改造提升空间。

2.4.4 矿产资源开发历史

翻开个旧市的历史长卷，锡业的发展几经起落，贯穿古今。个旧历史人文风光影像见图 2-1。

图 2-1 个旧历史人文风光影像

《汉书 · 地理志》中记载：贲古，北采山出锡，西羊山出银、铅，南乌山出锡。东汉时期古矿冶遗址中，在冲子坡发掘出土了锡锭、银饰、汉五铢和大量的铜、锡炉渣等。《云南志》有“锡，蒙自个旧村出”之说。魏晋至宋代，由于个旧地区矿业的兴盛程度和国家对其需求量不多，境内锡矿开采缺乏史料记载。明朝宣德年间（1426—1435 年），由于矿冶业管制宽松，个旧矿区便逐步发展起来；1514 年，个旧划归蒙自管辖，从此个旧锡矿的开发正式纳入官方规划。进入清代，随着白银和铜钱的需求量增大，清政府下令复开各省镇鼓铸，在个旧、建水、昆明等地加炉九座铸钱，批准云南、贵州、四川三省收购个旧锡配铸青钱，鼓励商民开矿。于是，个旧人口剧增，商贾云集，锡矿开采迅速发展，诗人谓：“顿令空谷成市廛，洪炉冶炼无休时"。

1870 年，随着第二次工业革命的到来，锡被广泛运用在各工业领域，由于当时锡很难回收，因此西方各工业国家加快了对个旧锡矿的开发和掠夺。1896 年，法国工程师古德尔孟在《云南旅游记》中记述：个旧矿山之工厂，以采矿为业。此项矿质良而富，若加以扩张，当为世界添一极大之富也。外国人为境内资本家提供资本开设洋行商号，间接掠夺锡资源。1905 年，为了抵制帝国主义的掠夺，个旧地方乡绅和民族资本家纷纷投资办厂，筹设了个旧厂官商有限公司和个旧锡务公司，个旧锡业形成私营与官商合营共存的格局。1909 年，个旧锡务公司派专人前往南洋考察锡业生产情况，聘请英国、德国工程师，向德商订购各种机械设备，建立洗砂厂、架空铁索、熔炉厂等，使锡业由原始采、选、炼方法进入机械生产。至清末民初，随着个旧锡资源地质研究、找矿勘探工作的深入，以及矿业生产技术进一步的革新，矿产资源开采量及成品质量逐年提高，外商竞相购买。个旧锡矿开采历史影像见图 2-2。

图 2-2　个旧锡矿开采历史影像

1938 年起，国民党资源委员会及下属机构推行大锡统治政策，设立云南出口矿产品运销处，禁止自由买卖，产品统由运销处低价收购，私人矿山、炉号严重亏损，停产倒闭。加之越南、缅甸被日军侵占，切断了云南与国外的交通线，直接影响了锡业生产，导致物价猛跌，个旧出现矿商枵腹、工人断炊现象。1946 年，随着多项协议的签订，美国控制了个旧矿产品的运销，锡产量直线下降，个旧锡业进一步萧条。

中华人民共和国成立后，为了满足工业发展的需要，国家加大了矿业勘查力度，个旧市陆续探明了一系列新的大、中型砂锡矿床及新的锡矿类型，个旧市以锡为主的矿产采、选、冶行业逐渐恢复。同时，个旧市联合当地国营企业，将近千家私人小型锡矿生产企业组织起来，集中力量发展锡业生产，并进行社会主义改造，确立了国营锡业的主导地位。在经济体制改革后，个旧锡业形成以云锡公司为主体的中央企业和地方国营企业、乡镇（集体）企业共存的多层次的生产格局，个旧市成为以锡为主的有色冶金工业城市。

随后多年，个旧市依托自然资源优势，凭借全面、先进的采、选、冶技术，社会经济水平得到了显著提升。但由于早年生态环境监管制度不严、群众环保意识淡薄，环境质量逐年下降。至20世纪90年代，个旧市资源枯竭、环境恶化等问题更加突出，甚至已经阻碍了社会的可持续发展，加之国家对生态环境保护的要求逐年提高，产业转型及环境治理也成为近年来个旧市的重点、难点工作之一。个旧市矿业发展饱经沧桑，不仅见证了我国锡矿工业技术的进步，更是验证了“资源—经济—环境”三者协调发展的必要性、紧迫性。

2.4.5 矿产资源禀赋特点

个旧市矿产资源种类多样，资源量大。已发现的矿产包括有色金属、黑色金属、贵金属、稀有稀散金属、非金属及地热资源等六大类28种矿产，具有资源结构上的综合优势。其中，锡、铜、铅、钨、霞石正长岩、水泥用灰岩达到中—大型矿床规模。

矿产资源分布广泛，大中型矿床相对集中。个旧市中东部为有色金属、贵金属集中区，占全市90%以上探明的5种有色金属资源储量；北部、南部为非金属分布区，矿产资源分布相对集中，有利于规模化建设。

矿床矿石组分复杂，共伴生矿种多。个旧金属矿产具有矿石组分复杂，共伴生矿种多，综合利用价值高的特点。在大中型锡矿床中，常伴生有钨矿、镓矿、铟矿、铋矿、银矿等多种具有工业价值的矿产，附加经济价值高，综合利用潜力大。

重要矿产资源优势明显，资源富集区找矿潜力大。个旧市锡矿区的锡保有资源量占云南省总量的46.1%，位居首位，重要矿区外围及深部资源富集区潜力大，具有较大找矿远景。

2.4.6 个旧锡文化内涵

2000年，个旧市委正式确立了“锡文化”提法，并把“锡文化”发展作为

“文化兴市”的发展战略。从2005年起，每三年举办一次“锡都·云南个旧国际锡文化旅游节”。“锡”是个旧市的标签，“锡文化”不仅包含了个旧市的人文文化，更是锡矿开采的历史上形成的一种矿业文化，体现了个旧市文化形成的个性与特色。

个旧锡文化是个旧市地方的独特的生产实践文化。一般来说，区域文化的概念更广，包括生产实践文化，还包括地方的农耕文化、宗族文化、民族文化等分支文化。但是在个旧市，锡文化就等同于个旧区域文化。这是因为个旧市因锡而立、因锡而盛，个旧市的主要生产活动都涉及锡矿业，与锡矿矿产的调查、勘查、开采、冶炼、贸易等密切关联，并因锡的开发而创造出丰富的物质财富与精神财富。个旧市整个地区的生产活动、生活方式、思维方式等长时间受锡矿开发的影响或熏陶，人们创造的物质文明或多或少地与锡矿开发相关，其他的分支文化也被深深地打上锡文化的烙印，实际上都是锡文化的延伸。

个旧锡文化的特点主要包括：一是个旧锡文化历经的时间长。始于东汉年间的青铜文明。二是个旧锡文化涉及概念宽泛。涵盖青铜器、锡矿开发遗址、昔日运矿的马帮、土碗“涮塃”、马拉石磨碎矿、土法冶炼锡、滇越铁路和个碧石铁路通车、欧洲先进的机器设备及工程技术人员的引进等。三是个旧锡矿矿业文化厚重。个旧锡文化是多民族、多地域，甚至不同国别的人所创造的。个旧锡文化是“源远流长的历史文化，血泪书写的‘砂丁’文化，土洋并包的近代工业文化，带动滇南的文化，面向世界的外贸文化，充满活力的现代企业文化”。

本章参考文献

[1] 陈应龙，宋焕斌．云南省个旧市矿业发展史研究 [J]. 中国矿业，2010（12）：4.
[2] 刘烈武．个旧锡矿矿业文化研究 [D]. 昆明：昆明理工大学，2014.

3

CHAPTER

个旧市土壤污染及特征分析

3.1 典型行业企业土壤污染源分析

个旧市矿产资源丰富，矿业开发历史悠久，采矿史可追溯到汉代甚至更久远的时期，矿区群众集体、个体采矿、选矿相继开展，无序开采现象普遍。加之涉重工业聚集区及企业数量较多，规模型企业较少，企业生产工艺及污染防治水平普遍不高，这些典型的重金属行业企业成了个旧市土壤重金属污染的主要来源。

3.1.1 锡矿采选

依托丰富的锡矿资源优势，锡矿采选占据了个旧市工业企业的主导地位。涉重金属重点行业企业中，锡矿采选企业数量占比超 70%。20 世纪 90 年代以来，个旧市成为全国最大的锡现代化生产加工基地。

3.1.1.1 典型生产工艺

个旧市主要矿石类型有锡－多金属硫化物矿、锡－氧化物矿。锡矿多共生及伴生铜、铅、锌、镉、银、钨、铟、锑、钼、铋以及铁、硫、砷、萤石等。根据矿石类型、伴生矿种的不同，锡矿采选工艺有所不同，采选工艺主要为重选－磁选锡，浮选铅、锌、铜，其主要产品为锡精矿、铁精矿、铅精矿及铜精矿等。

（1）重选－磁选联合选矿工艺

重选是利用矿粒间的密度不同，因而在运动介质中所受重力、流体动力及其他机械力不同，从而实现不同密度矿粒群的分选工艺过程。磁力选矿是根据矿石中各种矿物的磁性差异，在磁选机磁场中进行分离的一种选矿方法。采用重选、磁选选矿工艺，对含锡原矿进行选别，整个选矿过程可分为破碎、筛分、磨矿、分级、两段重选、一段磁选，精矿脱水后入库待售，尾矿送至尾矿库沉淀。

①原矿破碎：原矿经破碎机破碎后，进行筛分，粒径符合要求的矿石进入磨矿工序，不符合要求的则返回破碎机再次破碎。

②磨矿：经破碎的原矿，进入磨机进行磨碎，加水形成矿浆，进一步减小矿石颗粒。磨矿后过筛，粒径合格的原矿进入摇床车间进行重选，粒径不合格的原矿则返回磨机，重新磨细，直至粒径合格，方可进入下一道工序。

③重选：为严格达到锡矿的回收率，选矿过程中常常灵活调整重选工艺，进行一级重选或二级重选。一级重选即只经过一次重选后即产出产品及尾矿，二级重选即经过两次重选后产出产品及尾矿。重选后，由于锡及其他金属元素存在密度差异，在一定的水流作用下，含锡颗粒与其他金属元素可在摇床上按不同的运动方向移动，从而实现锡与其他物质的分离、分层。分离、分层后分别收集的产品，即为重选尾渣与锡次矿。锡次矿用桶装后，通过人工运至晾晒点自然晾干，重选产生的尾渣排入尾矿塘。

④次精矿摊晒：经重选出的锡次矿，经晾晒达到所要求的水分含量后进入磁选工序。在这个过程中，由于水分的蒸发，表层的锡次矿颗粒在风力作用下，会产生少量扬尘。

⑤磁选：经晾晒达到所要求水分的锡次矿，通过干式磁选机进行锡矿选别，产出锡精矿及铁精矿，选出的精矿暂存于精矿仓定期外售。

典型锡矿重选－磁选生产工艺流程见图 3-1。

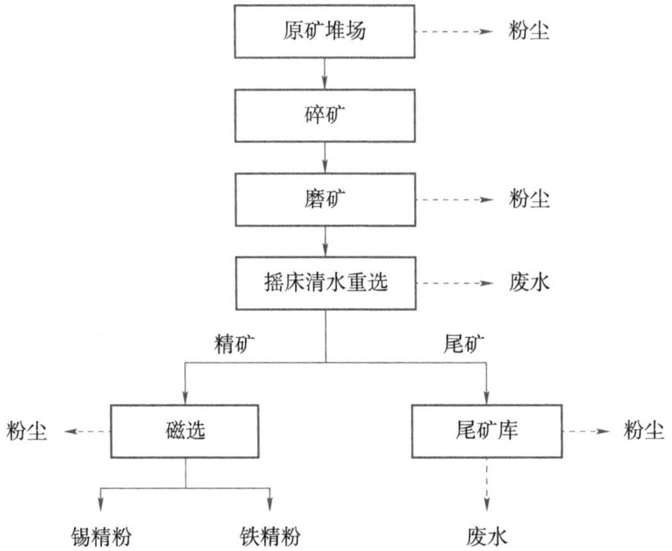

图 3-1　典型锡矿重选－磁选生产工艺流程

（2）浮选工艺

浮选是根据物质表面化学性质的不同，对磨碎的固体矿物进行湿式选别的一种方法，一般用于处理可浮性高的金属矿。矿粒选择性地附着于矿浆中的空气泡上，并随同气泡一起上浮到矿浆表面，通过浮选不仅可以把金属矿物最大限度地富集在精矿中，而且经浮选后的尾矿可回收利用，降低成本。

①破碎：一般采用二级破碎。矿石由矿山运至原矿仓，经槽式给矿机送入颚式破碎机，首先进行粗碎，粒度小的矿石料直接进入细矿仓，粒度大的矿石则送入细碎型颚式破碎机二次破碎。矿石经过两段闭路破碎后，由料仓出料口进入球磨机中。

②球磨分级：两级破碎后的原矿进入封闭球磨机球磨，并与螺旋分级机形成闭路（粒度不合格的矿粒返回球磨），分级后的合格粒度的原矿，进入搅拌槽。

③铜、铅矿浮选：第一级浮选为铜精矿浮选，第二级浮选为铅精矿浮选。浮选工艺中先用碳酸钠调节酸碱度，每一级浮选前在浮选搅拌桶内加入调配好的药剂，浮选出精矿，浮选后剩余的矿浆进入下一道浮选工序。浮选循环包括粗选、扫选和精选，浮选循环工序产出最终精矿。

④精矿脱水：最后的铅精矿、铜精矿考虑到生产成本及产品脱水环境，采用沉淀池自然沉淀、日晒脱水的方案。去掉水分后，精矿粉包装入库。经过浮选后剩余的尾矿进入浮选尾矿池中，尾矿废水经沉淀后底层尾矿泥采用节能带式压滤机压滤，压滤到含水率小于 10%，运至干堆场储存。

浮选工艺流程见图 3-2。

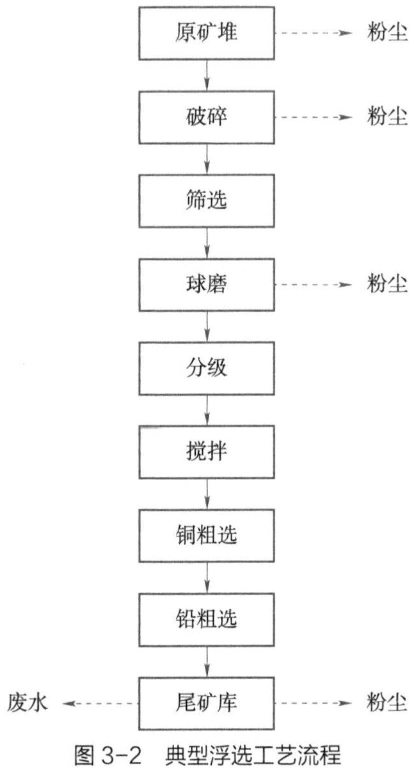

图 3-2 典型浮选工艺流程

3.1.1.2 产污环节和污染物分析

锡矿采选过程中，有废水、尾矿、粉尘、废石等产生。废水主要是矿井水和精矿过滤、精矿浓缩、尾矿浓缩废水及尾矿库废水等选矿废水，其中主要的重（类）金属污染物有锡、砷、铅、镉、铜、锌等。粉尘主要来源于爆破、矿石运输、碎矿筛分、废石场扬尘等，其特征污染物主要是伴生的重（类）金属，如砷、铅、镉、铜、锌等。固体废物主要为废石和尾矿，尾矿中砷、铅、镉、铜、锌等重（类）金属污染物可通过溶解、渗滤等作用迁移扩散至周边土壤中，造成周边土壤的污染。

3.1.2 铅锌冶炼

个旧市铅锌冶炼行业企业众多，是个旧市工业的支柱产业之一，主要利用氧化铅矿或者硫化铅精矿，通过鼓风炉熔炼或回转窑挥发－湿法冶炼回收铅。

3.1.2.1 典型生产工艺

（1）鼓风炉熔炼

铅的传统冶炼工艺为鼓风炉熔炼，在 2008 年前，我国的铅冶炼厂几乎都采用这一工艺。该生产工艺主要分为原料制备、鼓风炉还原熔炼、烟气收尘和尾气处理 4 个步骤，具体如图 3-3。

①原料制备：氧化铅矿、烟尘、熔剂等在配料室集中，采用重量法进行配料，通过制砖机形成团矿，自然风干后，送入混合料仓，以利冶炼。

②鼓风炉还原熔炼：鼓风炉熔炼过程实质上是还原和造渣的过程，还原过程要尽量将炉料中的铅化合物还原为金属铅，并富集贵金属。造渣过程则要求炉料中的造渣组分结合成炉渣，并最大限度地使锌入渣，使铜、砷、锑、镍、钴等有价金属进入铅锍内。在鼓风炉的熔炼过程中，燃料和炉料分批从炉顶加入，而空气则经过炉腹下部的风口鼓入，形成逆流运动。由风口送进炉中的空气、焦炭与在炉中的焦炭混合后，产生的高温还原性气体沿炉体上升，与下移的物料发生激烈的物理、化学反应，促使还原、造渣。反应后的粗铅、炉渣等液体流经炽热的底焦层，并吸收大量的热，充分过热后进入炉缸，然后按比重分层，分别由虹吸口、渣口流出。

③烟气收尘及尾气处理：含尘烟气经沉降室和烟道降温后，进入布袋除尘室。沉降室收下的烟尘返回鼓风炉配料，布袋除尘系统拦截的烟尘外售；产生的尾气进入石灰水喷淋塔脱硫后，脱硫尾气通过排气筒外排。

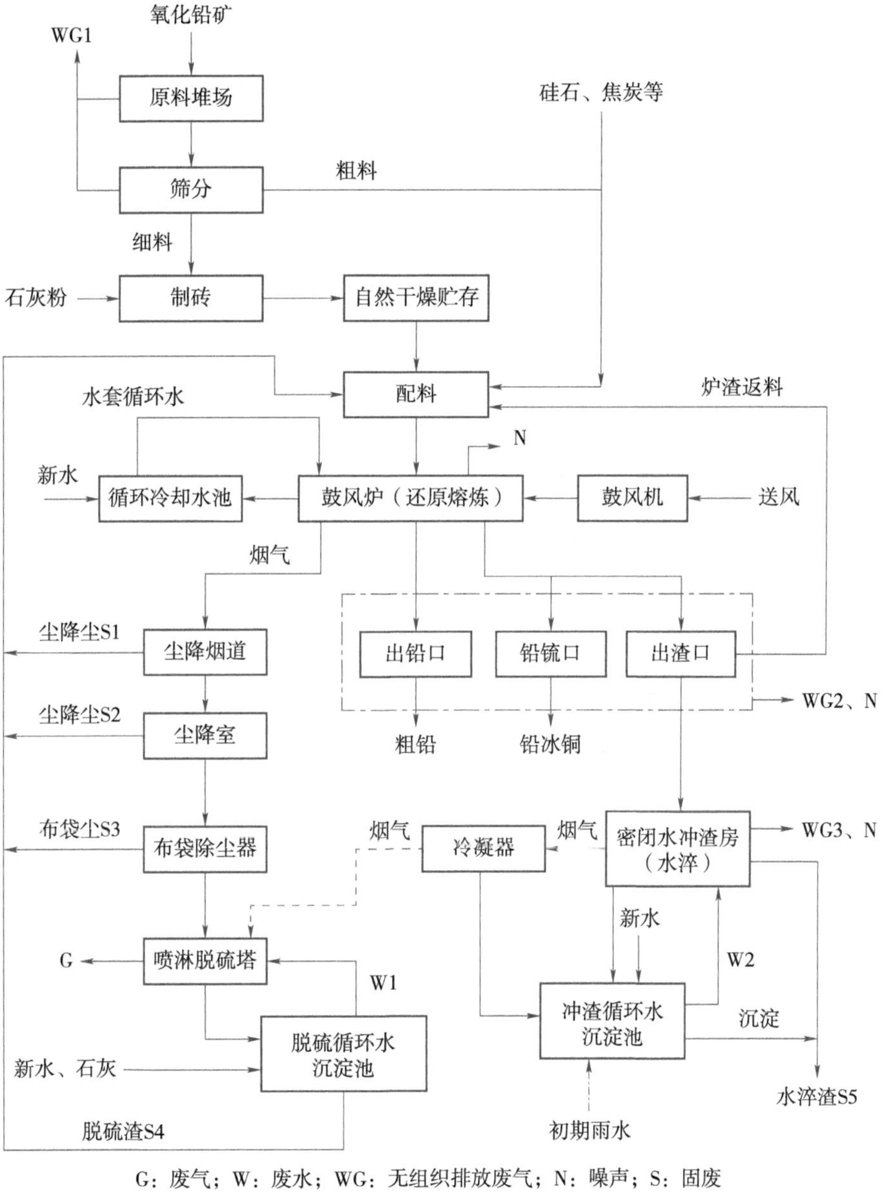

图 3-3　典型鼓风炉还原熔炼流程

（2）回转窑挥发－湿法冶炼

回转窑挥发－湿法冶炼工艺一般包括火法富集和湿法分离两部分。其中，火法富集主要是采用回转窑还原挥发。湿法分离主要是通过浸出、净化、熔铸等工艺回收锌、铟等有价金属。工艺流程见图 3-4。

①回转窑挥发：氧化锌矿、焦粉等原料按比例配料后加入回转挥发窑，其中有

价金属锌、铟、铅、铋、锡、镉等被还原，进入气相中，在气相中被氧化成氧化物，即为次氧化锌烟尘，随后被收集在烟道、余热锅炉、布袋除尘器内，并送湿法分离工艺。

②湿法分离：氧化锌料浆先泵送到中性浸出槽，同时加入废电解液浸出。浸出料浆泵送至中性浸出矿浆压滤机压滤，滤液泵送至净化车间，净化后的合格 $ZnSO_4$ 溶液进入电积熔铸，滤渣中富集铟、铅、铋、锡、镉等金属，浆化后送铟铋回收车间进行后续处理。

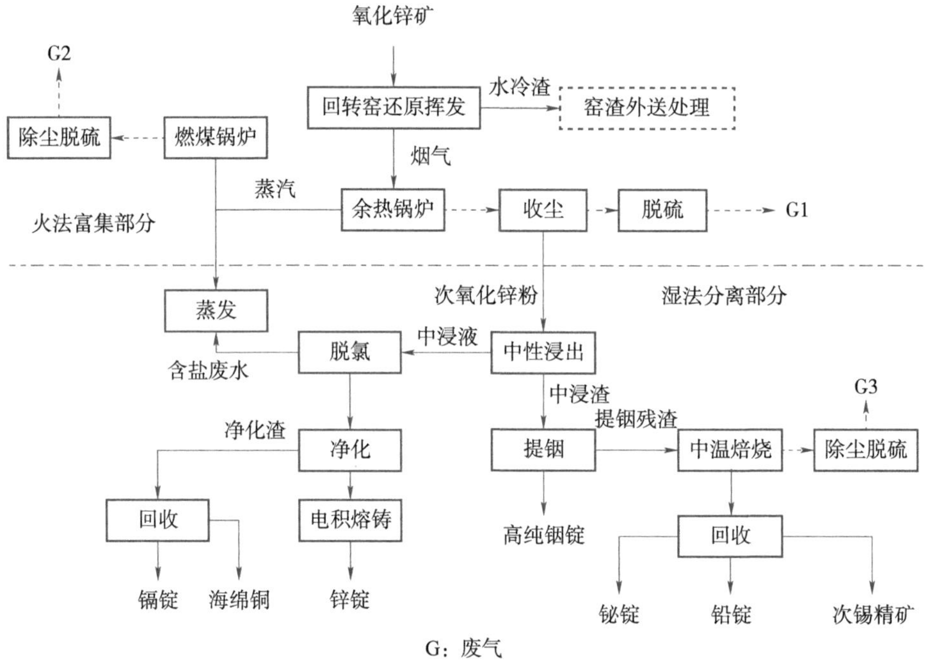

图 3-4　典型回转窑挥发 - 湿法冶炼工艺流程

3.1.2.2　污染产生和污染物分析

鼓风炉还原熔炼过程中，废气主要包括的有组织废气为鼓风炉排放含尘废气，以及物料堆放装卸粉尘、投料排料粉尘和出铅排渣口铅烟尘。回转窑挥发 - 湿法冶炼过程中，废气主要包括的有组织废气有回转窑废气、锅炉烟气，以及原料堆场、备料工段产生的少量粉尘及电解车间、萃取车间等产生的无组织废气。其中主要污染物为颗粒物、二氧化硫、氮氧化物、砷、铅、镉、铜、锌、汞等。含重金属废水主要有循环冷却水、厂区初期雨水、地面冲洗废水等，污染物包括悬浮物、氟化物、硫化物、砷、铅、镉、铜、锌、汞、镍等。产生的固体废物主要有鼓风炉炉渣、回转窑水淬渣、除尘器收集的烟尘、烟气脱硫产生的脱硫渣等，主要污染物为砷、铅、镉、铜、锌等重（类）金属。受工艺限制，各类铅锌冶炼废渣中仍含有各种有价金属，但现有工艺很难做到高效回收，资源化利用困难。因此，目前铅锌冶炼废渣多为临时堆存处理。露天堆放的铅锌冶炼废渣在酸雨淋滤、自然风化氧化、雨水冲刷、积水浸泡等作用下，砷、铅、镉、锌等重（类）金属元素析出，并随地表径流、扬尘等进入渣堆周边的地表水体、土壤等环境中。

3.1.3 锡冶炼

3.1.3.1 典型生产工艺

典型锡冶炼工艺主要是还原熔炼－烟化挥发法，生产工艺主要包括电炉还原熔炼、火法粗炼、炉渣烟化、电解精炼等。见图 3-5。

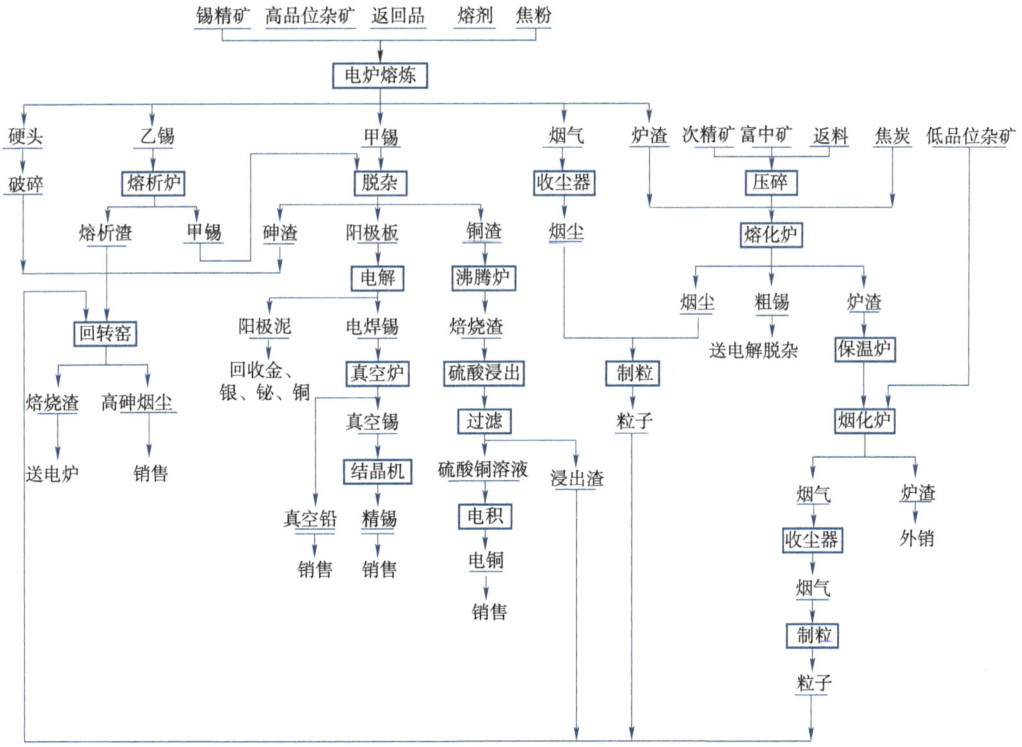

图 3-5 典型锡冶炼工艺流程

①电炉还原熔炼：电炉还原熔炼炉为电阻炉式电炉，是依靠导电石墨电极与埋入深度的深浅改变电阻值，调节电流的大小，过大电压使电极炉料起电弧。锡废

料、石灰石和煤按一定的比例进行配比与收集烟尘、精炼渣、熔析渣一并加入电炉。电弧是热源，炉料是受热体，而炉衬为绝热体，与外界隔离构成一个封闭体系。采用石灰石作熔剂进行造渣，以煤为还原剂进行还原熔炼。电炉中熔炼后的锡分布在硬头、甲锡、乙锡、炉渣和烟气中。熔炼中部分氧化铁被还原成金属铁，并与锡生成合金，称为硬头。硬头送回转窑焙烧，甲锡和乙锡送精炼，电炉中形成的炉渣含有一定量的锡，锡渣进入烟化炉进一步提锡，电炉产生的烟气进入收尘系统，收集的烟尘制粒后送回转窑焙烧。

②甲锡精炼：从电炉中出来的甲锡依次经过凝析除铁和砷、加硫除铜、结晶除铋、加铝除锑和砷。除杂产生的砷渣送回转窑焙烧；铜渣送沸腾炉焙烧，焙烧渣经硫酸浸出、过滤后的硫酸铜溶液进行电解，产生的电铜外售。除杂后的粗锡经铸锭后又运至阳极浇筑车间，经熔锡锅熔化后浇筑成阳极片，电解车间电解得到的一部分精焊锡在阴极浇筑车间，经熔锡锅熔化后浇筑成阴极片。初步除去杂质的粗锡经铸锭后运至阳极浇筑车间经熔锡锅熔化后浇筑成阳极片，电解车间电解得到的一部分精焊锡在阴极浇筑车间经熔锡锅熔化后浇筑成阴极片，进行电解，粗锡经电解精炼得到精焊锡。电解得到的焊锡进真空炉熔炼，部分地脱除铅、铋，同时回收焊锡中的铅。焊锡经真空炉分离成真空铅和真空锡，真空锡返回结晶机精炼，真空铅铸锭出售。焊锡及真空炉车间真空炉分离出来的真空锡经熔锡锅熔化后进入结晶机精炼，得到结晶锡和结晶焊锡，结晶锡经铸锭得精锡产品，进入仓库待售，结晶焊锡进入真空炉车间的真空炉分离。

③乙锡的火法精炼：从电炉中出来的乙锡经过熔析炉除铁、砷后得到甲锡和熔析渣，甲锡进入上述甲锡精炼工艺，熔析渣经炼前处理后返回电炉熔炼。将高铁粗锡锭堆放在熔析炉内，加热到232℃后缓慢地升温，锡开始熔化并沿斜底流入粗锡锅内、加热保温。粗锡中的铁、砷、锑、铜、硫等杂质与锡生成的合金或化合物，以及各杂质相互作用形成的化合物熔点较高，大部分留在炉内，成为固体渣，使粗锡初步提纯。

④炉渣烟化：电炉熔炼产生的炉渣与次精矿、富中矿、返料及焦炭在熔化炉中熔炼，产生的粗锡送电解脱杂，烟尘制粒后返回回转窑焙烧，炉渣经保温炉后与低品位杂矿一起送至烟化炉吹炼。烟化炉产生烟气经布袋除尘后排放，布袋收尘器收集的烟尘制粒送回转窑熔炼；炉渣外售。

3.1.3.2 污染产生和土壤污染物分析

锡冶炼过程中产生的有组织废气主要为电炉烟气、烟化炉烟气、回转窑烟气、除杂烟气、精炼烟气、熔化炉烟气和煤粉制备废气，无组织废气主要是粉尘、电解酸雾，主要污染物包括氟化物、锡、锑、汞、镉、铅、砷、铜、锌、苯并芘。生产废水主要是电炉、烟化炉、沉降室、结晶机和阳极浇铸等设备或工艺过程产生的冷却废水、脱硫废水、冲渣废水，粗铟提取工艺所产生废水和软水制备及锅炉废水等，主要污染物为硫化物、氟化物、石油类、锡、铜、锌、锑、汞、镉、铅、砷、六价铬。产生的固体废物主要有火法精炼工段产生的铁砷渣、铜渣，烟化炉渣，电解精炼产生的阳极泥，烟气脱硫过程产生的硫酸钙等，以及收尘系统产生的烟尘，主要污染物为锡、铅、锌、砷、锑、铜、汞、镉等重（类）金属。

3.2 土壤污染特征

3.2.1 土壤污染重点行业和重点污染物具有典型性

鉴于资源优势，个旧市一直以来都是云南省乃至全国的重要有色金属生产基地，涉重金属产业数量之多及密集度之高在云南省乃至全国都位居前列。个旧市共有涉重金属重点行业企业400余家，主要涉及铅锌矿采选、铅锌冶炼、锑冶炼、铜矿采选、铜冶炼、锡矿采选、锡冶炼等，特别是锡矿采选、铅锌冶炼行业是个旧市的主导产业。这些有色金属采矿、选矿、冶炼等活动不可避免地带来了大量重（类）金属污染物，加之个旧地区成矿过程常常伴生多种重（类）金属等因素，因此铅、镉、砷等重（类）金属污染物广泛存在，镉、砷、铅污染较为显著。

3.2.2 土壤污染呈区域性分布

个旧市土壤污染分布空间变异性较大，局部区域土壤污染严重。从明朝起，个旧有色金属采选、冶炼逐步兴起，经过多年的积累，致使有色金属采矿、选矿开发活动密集区及铅、锌及锡冶炼为主的冶炼集中区周边，土壤污染问题相对突出，并呈现区域性污染。北部的鸡街、沙甸地区，由于先天区位优势，历史上就形成了多个以铅、锌及锡冶炼为主的冶炼集中区，涵盖了全市 95% 以上的冶炼企业，冶炼生产活动排放的烟气、废水等对周边土壤环境造成较为严重影响；另外，早年间大量冶炼渣随意堆放，通过雨水冲刷、淋溶等方式造成的重金属迁移污染情况也十分突出。此外，北部的大屯和南部的卡房、老厂等三个乡镇，地处有色金属矿化带，有色金属采矿、选矿开发活动比较密集，同时分布大量有色金属尾矿库，土壤污染情况也较显著。

3.2.3 土壤污染具有复杂性

通常而言，土壤污染具有难以察觉、扩散缓慢等特点，因此与水污染、大气污染相比，土壤污染范围是有限的，通过识别污染源、污染物迁移途径、人体或生物接触污染介质的过程和基础方式，采用传统的风险评估模型，估算其影响范围及大小。但在个旧市，喀斯特地貌发育较为突出，地下水出露点较多，河流水系较为发达，这使得土壤中的污染物很容易进入地下水，也容易导致地表水和地下水相互污染，这也给识别土壤污染范围带来极大的困难。

4

CHAPTER

个旧市先行区建设总体设计

4.1 指导思想

以党的二十大精神、《土壤污染防治法》和“土十条”为指导，以先行区建设为契机，以建设用地与农用地安全利用、废渣堆场风险管控、土壤环境管理体系及能力建设等为切入点，试点探索相关治理经验与模式，为个旧市乃至云南省土壤污染问题有效解决提供经验与技术支撑。

4.2 设计原则

（1）问题导向，重点突破。土壤环境管理任务量大，涉及面广，个旧市土壤重金属污染问题历史欠账较多，应以具有典型代表性农用地安全利用、建设用地联动监管、废渣堆场风险管控等突出问题为重点，集中有效资源打攻坚战，争取在上述方面有所突破，形成经验模式。

（2）典型引路，示范先行。牢记先行区“引路、示范”的目标，鼓励引进和开发污染治理先进技术，开展优势技术试点、示范，创造性地构建完善管理制度体系。坚持以点带面、示范引领，边建设、边总结，逐步将成熟的经验和模式向其他地区推广。

（3）落实责任，联合联动。明确各级政府、各职能部门土壤污染防治主体责任，强化责任考核；建立部门、区域之间联合防治与协作联动机制及奖惩机制，构建多元共治、齐抓共管、全民参与的土壤环境治理新局面。

4.3 建设思路

为解决个旧市土壤污染防治面临的问题，按照“查、防、控、管、治”（“查”指查清家底、“防”指源头预防、“控”指风险管控、“管”指监督管理、“治”指修复治理）五位一体的思路加强土壤污染防治，以改善土壤环境质量为核心，开展个旧市省级土壤污染综合防治先行区建设试点工作。建设路线见图 4-1。

查：为摸清家底，个旧市从查明土壤污染基本情况破题，夯实问题识别与管理基础，全面了解并掌握个旧市土壤污染源、污染状况等基本信息，做到有的放矢。以“查”字当先，重点针对“一源两地”（土壤污染源、农用地及建设用地）全面启动了调查工作，力争查明全市农用地、建设用地土壤污染源及污染状况，问题及症结基本明晰，为全面开展先行区土壤污染防治奠定坚实基础。

防：源头预防是破解土壤污染问题的重中之重，但以往的工作中重视程度不够，存在布局不合理、行业企业综合防治水平不高等问题，严重制约了土壤污染防治的效果。本次先行区建设中，通过污染识别、问题诊断等方式，个旧市委、市政府将土壤污染源头问题提升到了前所未有的重视程度，在淘汰落后产能、空间布局控制、提标升级改造等方面秉承预防为主、保护优先的原则全力破题，夯实先行区建设基础。

控：坚持预防为主、保护优先、风险管控原则，是《土壤污染防治法》中的明确要求。以往的一些经验和实践表明，土壤污染问题单纯依靠修复治理是不切实际的，也是不符合绿色可持续发展理念的。土壤污染防治的核心是有效控制风险，是让百姓吃得放心、住得安心。因此“风险管控”的理念被深深植入了个旧市先行区建设理念，以风险管控为核心，重点围绕固废堆场整治、农用地土壤质量类别划分等开展探索，促进区域风险防控能力的提升。

管：以自下而上与自上而下相结合的方式，从各级层面严格监督管理体系与制度。通过构建个旧市土壤污染防治制度体系，规范各部门管理工作，加强能力建设；严格环境准入标准，为彻底解决土壤污染源提供强大支持；建立严格的责任考核机制，增强责任意识；注重宣传引导，增强管理者环境责任感，提高群众环境保护意识。

治：治理修复是土壤污染防治的重要措施，是确保风险可控的最后的选择。强化问题整治，多还旧账，少欠新账，是摆在个旧市先行区建设工作的一项重要任务。全市以废渣清运填埋、涉镉重点行业企业整治、灌溉水－底泥协同治理、园区重金属污水配套设施建设等源头治理、农用地修复及建设用地转型利用等方面深入推进土壤污染防治问题整治，破除污染问题治理难题，巩固和提升先行区建设成效。

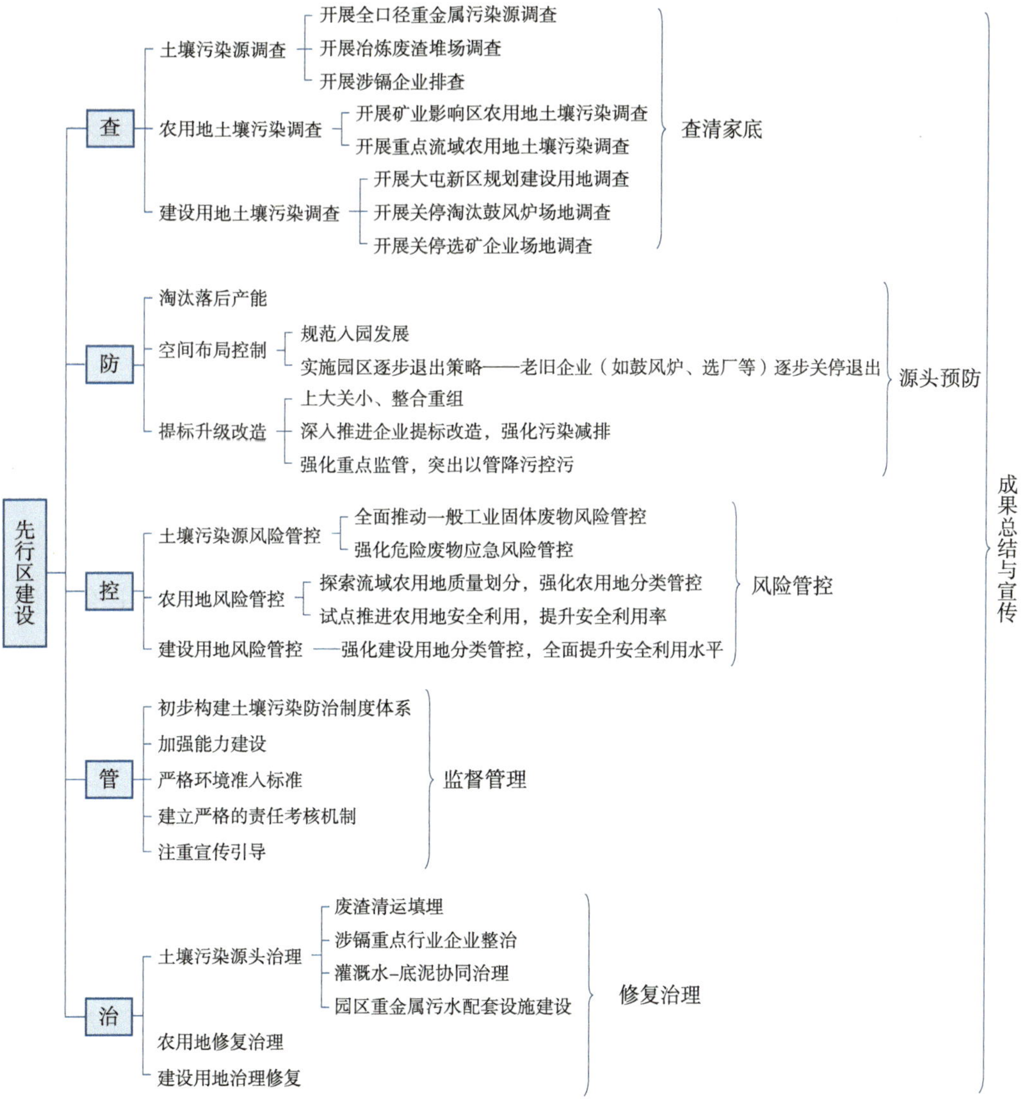

图 4-1　先行区建设路线

4.4 典型技术模式设计

4.4.1 历史遗留污染源管控设计

由于多年生产，个旧市冶炼废渣、采矿弃石等工业固体废物大量产生并积存，且多数废渣堆场责任主体消失或处于无人监管的状态。调查显示，个旧市总计有冶炼废渣堆场 75 个，总计有废渣近 2 700 万 t。这些废渣经长期露天堆存，自然风化、雨水冲刷造成渗滤液重金属含量极高且迁移扩散能力较强，是区域土壤及水体的重大污染源，环境风险较大。目前，对于这种大宗工业废渣的现有治理技术的经济性、可操作性都存在明显的不足或缺陷，随着云南省固体废物攻坚战等任务的实施，个旧市面临缺资金、缺技术、时间紧、任务重等问题。为快速、高效地解决区域冶炼废渣堆场污染问题，需要以风险管控为核心，探索出一条适合个旧市实际的历史遗留冶炼废渣原位风险管控模式，服务个旧市、辐射全省。

4.4.2 农用地安全利用设计

（1）耕地质量精细划分调整模式

通过前期各类调查的开展，个旧市基本查明重点区域及流域土壤污染、灌溉水水质及农作物重金属富集等基础情况，为后续区域土壤重金属污染防治提供数据基础和支撑。但尚未开展耕地土壤环境质量精细划分工作，耕地分类管理清单尚待建立，数据应用成效不明显。因此，充分利用前期详细调查的数据成果，按照国家制定的农用地土壤环境质量类别划分技术指南，通过补充协同农产品采样检测等方式，进一步梳理区域数据和质量类别划分工作程序和方法，并结合当地土壤气候特性和农产品种植结构开展风险评价，科学、准确地划分农用地土壤类别，建立分类管理清单。同时，摸索总结耕地类别划分的工作程序、现场实施与管理等相关经验，总结形成耕地类别划分的成果材料，为全市、全州乃至全省耕地类别划分摸索方法、总结经验、找出不足，形成专项模式，以便推广应用。

（2）受污染耕地“粮改饲”安全利用模式

近年来，乍甸坝区奶牛特色养殖产业不断发展壮大，成为当地重要的经济增长点。然而，其独特的资源优势及历史原因造成的典型土壤污染问题比较突出，局部甚至达到重度污染。为提升耕地安全利用水平，促进地方特色产业发展，个旧市决定结合地方奶牛特色养殖产业发展需求，探索“粮改饲”治理与利用模式，实现农民增收、土地增效、永续发展的目标，为全面开展区域污染土壤修复治理提供借鉴。

（3）“低累积农作物筛选种植＋钝化调理”安全利用模式

因特殊区位发展优势及历史原因，个旧长期从事有色金属采选及冶炼生产，致使区域内部分农田土壤重金属污染问题凸显，中轻度、重度污染农用地存在一定程度的分布，并伴有局部农产品安全问题。在农业种植产业集中区，因土地利用度较高，大规模开展修复治理或种植结构调整难以推行。为破解耕地安全利用难题，在相关工作基础上，依托农作物正负面清单，结合当下主流污染土壤调理技术，探索“低累积农作物筛选种植＋钝化调理”安全利用模式，为农用地安全利用提供技术支撑。

4.4.3 污染地块管控与修复设计

（1）建设用地开发利用功能优化调整模式

个旧市创新提出“双城三区”的城乡发展空间布局，通过城市转型带动经济转型，优化城乡空间布局，推进产城融合，城乡一体，不断拓展城市发展新空间。某新区建设是个旧市推动个旧主城与新城的功能互补，双城联动，逐步形成以滇中城市群为核心、以某新区和老城区为依托的城市空间开发新格局的重要举措。然而由于历史原因，部分工矿企业环保设施不完善、生产废水及尾矿无序排放，导致部分区域可能存在土壤污染的问题，制约了区域土地收储、规划利用，限制了新区建设工作的实施与区域经济的发展。因此，遵循“综合统筹、安全利用、精细化管理”三位一体的土壤风险管控与新区开发利用有机结合的总体思路，在确定区域核心功能定位的基础上，以某新区为试点，开展新区土壤环境质量调查，并基于数据分析提出用地功能调整优化建议，着力促进城市功能与土壤环境质量相匹配，使用地规划与土壤功能的统筹协调，从城市空间布局上合理确定修复的重点，避免过度修复或者修复不足，探索建立城市新区建设用地开发利用先期介入管理，形成建设用地功能优化调整模式。

（2）关停选矿企业污染场地生态恢复模式

个旧市是云南省重要锡矿采选区，选矿企业数量众多。随着选矿企业的综合整治，遗留了多个选矿污染场地，而这些场地因长期从事选矿生产活动，对场地造成一定的污染。仅“十三五”期间就关停选矿企业达300余家，遗留数量众多的污染场地，因此关停搬迁选矿企业成为个旧市土壤污染防控的一个重要难题。鉴于污染特点相似、修复治理费用限制等，亟须探索建立一套高效、经济的调查与修复治理模式，总结经验以指导选矿场地的修复治理。鉴于众多关停选矿企业场地中大多还遗留有尾矿等，成为区域内重要的潜在的污染源，同时因关停已久，很多场地具备实施治理条件。因此，选取了1～2块典型场地开展实施关停选矿企业场地综合治理，从实施过程、验收规程等方面进行总结，探索建立个旧市关停选矿企业污染地块生态恢复模式，为全市其他场地治理提供指导。

5
CHAPTER

个旧市先行区具体实施措施

5.1 查明土壤污染基本情况，夯实问题识别与管理基础

5.1.1 土壤污染源调查

5.1.1.1 全口径重金属污染源调查

以个旧市涉重金属企业为对象，通过开展全口径重金属污染源调查，摸清了个旧市全口径重金属污染源基本情况。建立了“十三五”时期以来最全的涉重金属污染源清单，为个旧市涉重金属污染源的管理奠定了基础。

1）在产在建涉重金属重点行业企业污染源

个旧市在产在建涉重金属重点行业企业以小型企业为主，所属行业按行业管理类别可分为极板加工、铅锌冶炼、锑冶炼、铜冶炼、锡矿采选、锡冶炼 6 类，共 82 家。按数量占比排序为锡矿采选＞铅锌冶炼＞锡冶炼＞极板加工 = 锑冶炼＞铜冶炼，具体比例如图 5-1 所示。

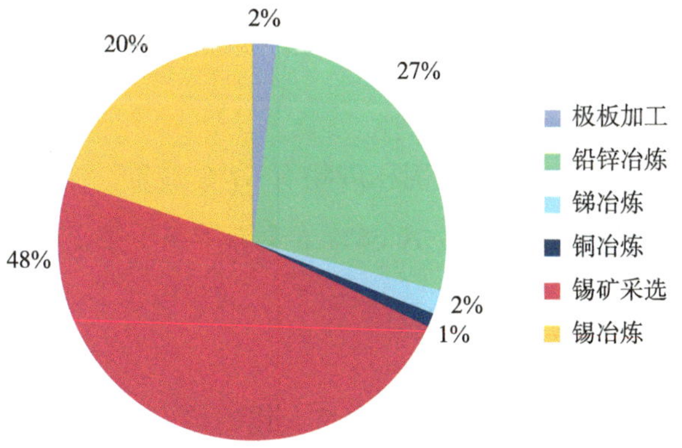

图 5-1　个旧市在产在建涉重金属重点行业企业所属行业类别分布

2）关闭或长期停产（三年以上）涉重金属重点行业企业污染源

个旧市关闭或长期停产（三年以上）涉重金属重点行业企业以小型企业为主，所属行业按行业管理类别可分为铅锌矿采选、铅锌冶炼、铜矿采选、铜冶炼、锡矿采选、锡冶炼 6 类，共 359 家。按数量多少排序为锡矿采选＞铅锌冶炼＞铜冶炼＞锡冶炼＞铜矿采选＞铅锌矿采选，具体数量如图 5-2 所示。

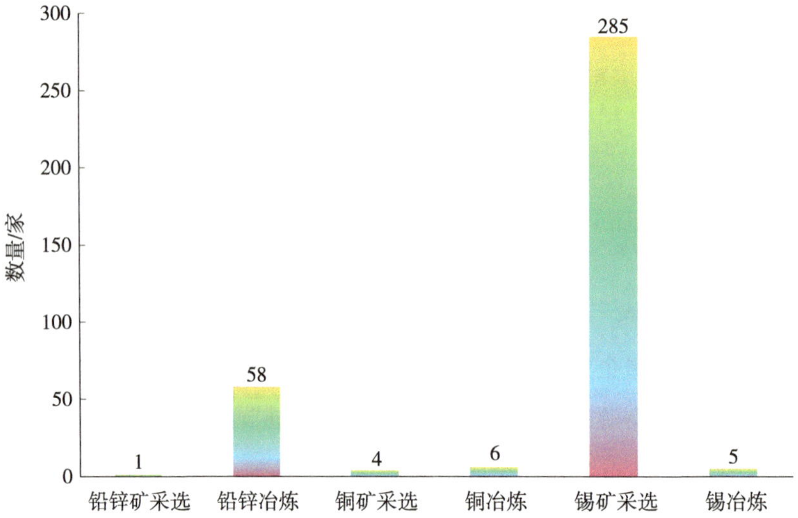

图 5-2　个旧市关闭关停涉重金属重点行业企业所属行业类别分布

5.1.1.2　冶炼废渣堆场调查

个旧市以冶炼废渣为对象，实施了冶炼废渣调查及分类风险管控相关项目，形成了冶炼废渣堆场调查报告、风险评估报告、综合利用与处置利用技术调研报告、污染综合治理及分类监管方案等成果，查清了历史遗留冶炼废渣现状并实现了风险分级，为废渣后续治理奠定了基础。

1）固体废物类型分布情况

根据鉴定，属第Ⅱ类一般工业固体废物有 61 个渣堆，废渣总量占总废渣量的 81.34%。8 个渣堆属于危险废物，占 10.66%。6 个渣堆属于第Ⅰ类一般工业固体废物，占 8.00%，见图 5-3。

2）各行业废渣总量分布情况

个旧市涉重金属废渣主要涉及铅锌冶炼、锡冶炼、铜冶炼 3 个行业。其中，铅锌冶炼行业废渣总量最大，占 72.63%；其余依次为锡冶炼行业废渣（占 20.63%）、铜冶炼行业（占 6.74%）废渣，见图 5-4。

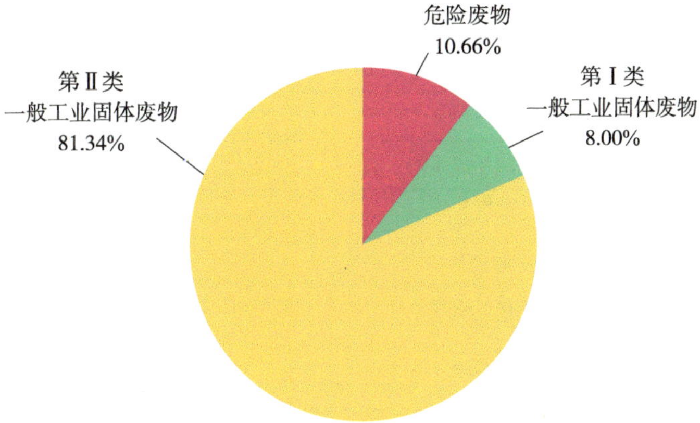

图 5-3　不同属性废渣占比情况

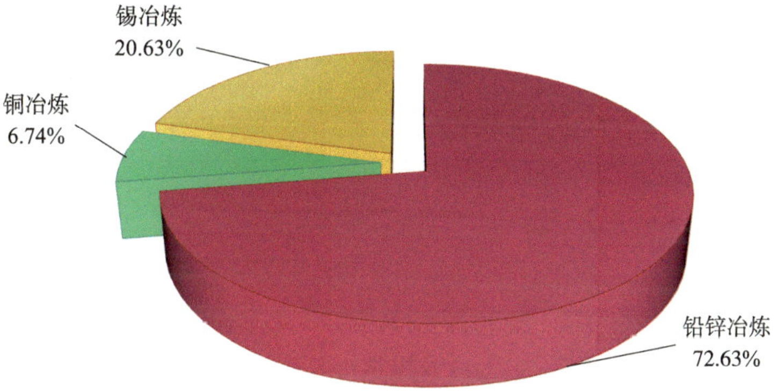

图 5-4　不同行业渣堆数量及废渣总量统计

5.1.1.3　涉镉企业排查

围绕耕地重金属污染突出区域以及涉镉等重金属工矿企业集中区域，开展排查，建立污染源排查清单一共涉及 18 家企业。按照“一源一策”的原则，全面查清存在的问题与根源，为后续制定污染源管控方案，防控环境风险奠定了坚实基础，见表 5-1。

表 5-1　个旧市涉镉等重点污染源整治清单

序号	企业名称	行业类别
1	个旧市虎山矿冶有限公司	铅锌冶炼
2	个旧市天黎冶炼厂	铅锌冶炼
3	红河州云杰工贸有限公司	铅锌冶炼

续表

序号	企业名称	行业类别
4	个旧市成功冶炼厂	铅锌冶炼
5	个旧市滨涛有色金属冶炼厂	铅锌冶炼
6	个旧市西口冶炼厂	铅锌冶炼
7	个旧市万坤矿业有限公司	铅锌冶炼
8	个旧市沙甸兴沙有色冶炼厂	铅锌冶炼
9	个旧市康晖有色金属加工厂	铅锌冶炼
10	个旧市伟俊冶炼厂	铅锌冶炼
11	个旧市旭众有色矿冶有限公司	铅锌冶炼
12	个旧市沙甸和群有色金属有限公司（一车间） 个旧市兴华冶炼厂	铅锌冶炼
13	个旧市沙甸铅都实业有限责任公司	铅锌冶炼
14	个旧市永和冶炼厂	铅锌冶炼
15	个旧市达明威工贸有限责任公司	铅锌冶炼
16	红河州奔腾矿冶有限公司	铅锌冶炼
17	个旧市盛云有色冶炼厂	铅锌冶炼
18	个旧市金叶冶炼厂	铅锌冶炼

5.1.1.4　有色金属冶炼及压延加工企业排查

以推动有色金属、化工企业达到行业规范，有效解决环境违法问题为核心目标，邀请云南省冶金、化工、环保的权威专家，对全市有色金属、化工行业企业工艺、设备、产品产量以及环保设施等开展综合评估，为中央生态环境保护督察“回头看”存在问题整改验收提供技术支撑，见表 5-2。

表 5-2　有色金属冶炼及压延加工企业排查整治工作情况

序号	排查整治规模	工作内容
1	68 家	邀请云南省 19 名权威的冶金、化工、环保专家对全市 68 家有色（化工）行业企业开展综合评估评审工作，逐一对企业的生产工艺、设备、产品产量进行排查，并提出优化升级方案和整改建议，推动有效解决环境违法问题和企业合法合规生产、达到行业规范
2	39 家	邀请专家团队对全市 39 家在中央生态环境保护督察“回头看”存在问题的有色金属企业进行整改验收

5.1.2 农用地土壤污染调查

5.1.2.1 矿业影响区农用地土壤污染调查

以个旧市矿业影响区范围内及周边的 32 963 hm^2 农用地为主要调查对象，开展调查并在相关数据（共计采集土壤样品 329 件、农产品 132 件）分析的基础上形成了矿业影响区污染调查报告、风险评估报告及可研报告，厘清了个旧市矿业影响区土壤重金属污染现状和潜在风险。土壤采样布点及工作量统计见图 5-5。

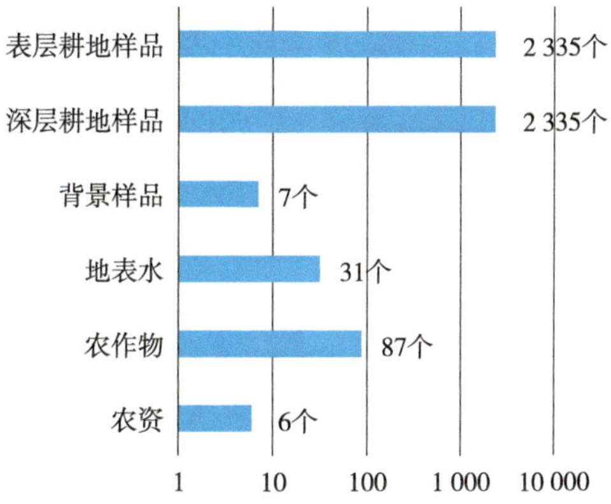

图 5-5 土壤采样布点及工作量统计

5.1.2.2 重点流域农用地土壤污染调查

以重点流域农用地为对象，依托个旧市土壤污染调查修复及风险管控示范项目，通过精细化网格布点、采样、数据分析方式，全面查清了土壤污染分布、污染特征及污染程度等总体情况。

5.1.3 建设用地土壤污染调查

5.1.3.1 某新区规划建设用地调查

个旧市以某新区规划核心区及关停选矿企业集中区为对象，依托某新区功能优化调整项目，初步查明了某新区规划核心区和关停搬迁选矿企业集中区土壤环境质量状况，基本明确了区域内重点污染物的种类、污染大体程度、污染分布重点区域，是否符合对标功能等情况，为某新区建设用地的风险管控奠定了基础。

5.1.3.2 关停淘汰鼓风炉场地调查

个旧市围绕冶炼聚集重点片区，开展了关停淘汰炼铅鼓风炉场地排查，对关停淘汰的炼铅鼓风炉企业场地的污染状况进行初步调查，基本掌握了炼铅鼓风炉企业场地污染状况及分布情况，为全面防控关停淘汰鼓风炉场地风险，进一步开展修复治理等奠定了基础，见图 5-6。

图 5-6　关停鼓风炉企业场地调查现场

依托初步调查结果，综合关停淘汰鼓风炉企业场地环境危害性、周边环境敏感性及风险防控机制的可靠性等指标，将场地分为特别优先关注、优先关注和一般关注 3 个级别，见图 5-7。

5.1.3.3　关停选矿企业场地调查

个旧市围绕关停选矿企业集中的重点片区，依托冶炼废渣调查与分类风险管控、新区建设用地开发利用功能优化调整等项目，开展了小、散、乱关停搬迁选矿企业调查，基本掌握了关停选矿企业重点集中区内关停选矿企业的污染特征、污染分布、风险等级等，为全面预防关停搬迁企业污染场地风险发生提供了依据，见图 5-8 和 5-9。

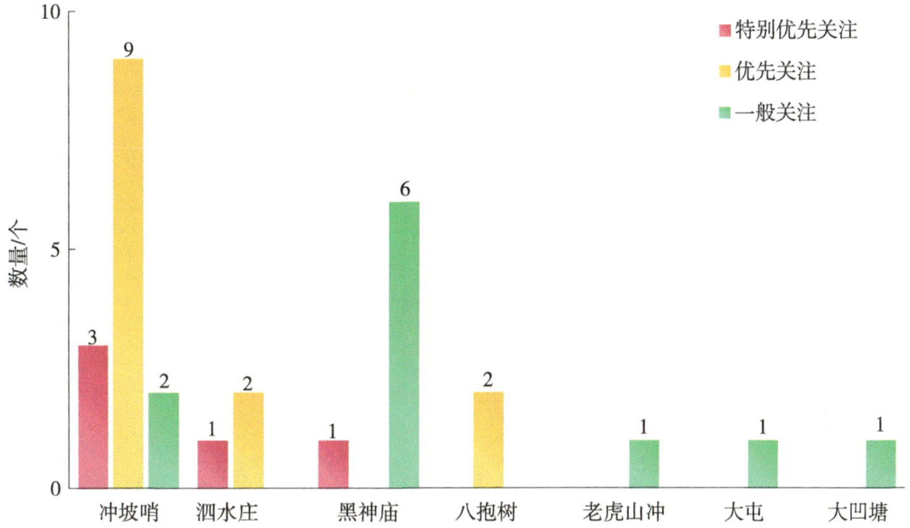

图 5-7 关停鼓风炉企业场地分级统计

图 5-8 关停选矿企业场地调查现场

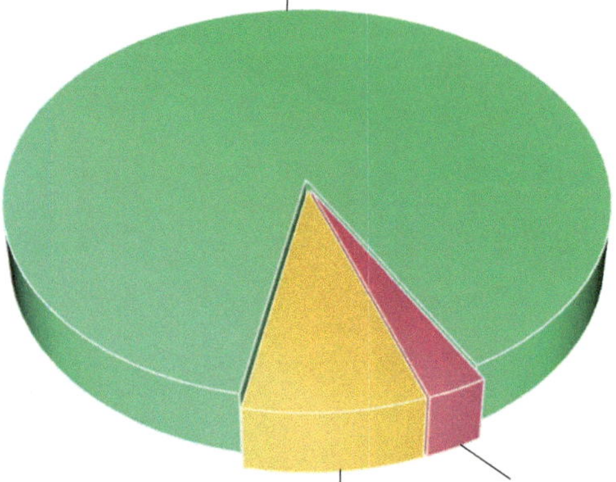

图 5-9　关停选矿企业场地风险等级占比

5.2 严防源头污染环节，夯实先行区建设基础

5.2.1　严格执行淘汰落后产能政策，源头控制重金属污染物排放

个旧市按照“上大关小、整合重组、逐步淘汰”的原则，通过关停淘汰一批、整合一批、升级改造一批的方式，实现区域涉重金属产业的优化调整。

一是以奖励促关停。出台了《个旧市南北选矿试验示范工业园区特色金融服务实施办法（试行）》《个旧市选矿企业淘汰关停补助标准及补助办法》等政策，专门筹措了奖励资金，用于对关停的选矿企业工人的再就业扶持，以及入园企业贷款贴息补贴，引导企业主动进行关停。

二是以服务促关停。市级四套班子 31 名领导挂帅，加大主动服务力度，深入企业帮助解决问题，落实政策和责任，组织企业实施。一方面，完成全市 58 座粗铅冶炼鼓风炉和 364 家选矿企业关停拆除工作，从根本上解决了“散、乱、污”的问题，从源头上切断了重金属进入土壤的途径。如图 5-10 是淘汰落后产能设备鼓风炉和关停拆除冶炼厂的照片；另一方面，推动整合入园企业升规纳规，凸显了园区建设的有效聚集、优化重组和示范带动作用，实现了转型升级。

三是以监管促关停。不断完善长效机制，持续加大重金属污染重点片区环境综合治理力度，强化污染源自动监控设施监督管理，全面实施行政执法与刑事司法联动，加大对环境污染的排查整治力度，形成倒逼机制，引导企业主动依法接受关停。

图 5-10　鼓风炉生产设备淘汰拆除现场照片

5.2.2　深入推进涉重产业布局调整，预防布局性土壤污染风险

个旧市以涉重金属产业园区、聚集区为治理核心，大力实施“园区带动”产业发展战略。积极推进南北选矿试验示范工业区基础设施建设，促进企业入园发展。对城区附近的小凹塘、火谷都、阳山片区采取限制发展，不再新增工业项目，防范布局性土壤污染风险。具体举措如下：

一是规范入园发展。按照“全面关停，集中入园；建设选矿示范工业园区，配套规范的尾矿集中处理设施”的治理思路，推动 95 家选矿企业整合为 20 家搬迁入园，有效地促进了布局性土壤污染问题的解决，见图 5-11、图 5-12。入园企业见表 5-3。

图 5-11　北部选矿工业园入园企业分布

图 5-12　北部选矿工业园照片——入园规范效果

表 5-3 北部选矿工业园区搬迁入园企业清单

序号	企业名称	入园时间	企业规模
1	个旧市大屯永良有色金属加工厂	2019 年 4 月	铅锌锡铜钨黄铁矿和非金属矿浮选、重选、磁选，生产规模 240 t/d
2	个旧市大屯王跃选厂	2019 年 4 月	铅锌锡铜钨黄铁矿和非金属矿浮选、重选、磁选，生产规模 240 t/d
3	个旧市大屯龙硕厂	2019 年 4 月	铅锌锡铜钨黄铁矿和非金属矿浮选、重选、磁选，生产规模 240 t/d
4	个旧市崇升有限公司	2019 年 5 月	铅锌锡铜钨黄铁矿和非金属矿浮选、重选、磁选，生产规模 240 t/d
5	个旧市崇景实业有限责任公司	2019 年 4 月	铅锌锡铜钨黄铁矿和非金属矿浮选、重选、磁选，生产规模 480 t/d
6	个旧市文君矿产品加工厂	2019 年 4 月	锡铜和非金属矿浮选、重选、磁选，生产规模 480 t/d
7	个旧市锡城李福辉选厂	2019 年 4 月	破碎、磨矿、浮选、重选、磁选系统，生产规模 240 t/d
8	红河州永森经贸有限公司	2018 年 12 月	破碎、磨矿、浮选、重选、磁选系统，生产规模 200 t/d
9	红河州鹏发通实业发展有限公司	2019 年 4 月	铅锌锡铜钨黄铁矿和非金属矿浮选、重选、磁选，生产规模 240 t/d
10	云南子福实业有限公司	2019 年 4 月	浮、重、磁选综合回收工艺，生产规模 780 t/d
11	红河威覆矿业有限责任公司	2019 年 4 月	浮、重、磁选综合回收工艺，生产规模 240 t/d
12	个旧市众鑫金属资源有限公司	2019 年 4 月	破碎、磨矿、浮选、重选、磁选系统，生产规模 240 t/d
13	红河州永平矿业工贸有限公司	2019 年 4 月	铅锌锡铜钨黄铁矿和非金属矿浮选、重选、磁选，生产规模 720 t/d
14	个旧市大屯林云选厂	2019 年 4 月	铅锌锡铜钨黄铁矿和非金属矿浮选、重选、磁选，生产规模 480 t/d
15	个旧市和立矿业有限公司	2019 年 4 月	铅锌锡铜钨黄铁矿和非金属矿浮选、重选、磁选，生产规模 240 t/d
16	个旧市永亿矿业有限公司	2019 年 4 月	铅锌锡铜钨铁矿和非金属，精选、浮选、重选、磁选生产规模 200 t/d
17	个旧市鑫锐商品混凝土有限公司	2019 年 5 月	铅锌锡铜钨黄铁矿和非金属矿浮选、重选、磁选，生产规模 240 t/d

二是实施园区逐步退出策略。针对个旧城区周边的小凹塘片区及火谷都片区，实施园区逐步退出策略，严格限制新增产业进入，“十三五”期间未新建任何新增排污产能，老旧企业逐步关停退出，对现有企业进行提标升级，并强化了在线监控，完成园区内 8 个废渣堆场综合整治。两大涉重片区对周边土壤的污染风险，已得到明显控制。小凹塘片区整治前后效果见图 5-13。

整治前状况

整治后效果

图 5-13　小凹塘片区整治前后效果

5.2.3　深化重点行业整治提升，严防新增污染

个旧市按照产业结构调整指导目录、区域产业政策等要求，加大落后产能的淘

汰力度，着力提升现有企业的污染治理和清洁生产水平，削减区域重金属污染物排放总量。强化全市建设项目环保“三同时”管理，全面完善企业雨污分流系统及初期雨水收集处理设施，有效控制初期雨水污染。冶炼企业配套建设规范的堆渣场、原料堆场、规范物料、废渣贮存，改造提升企业废水及烟气治理设施，加强无组织排放治理，不断发挥联网监控的作用，确保企业稳定达标排放。采选企业配套尾矿设施及弃渣场，规范矿产品堆存，确保选矿水循环利用。对于不履行污染治理职责的企业，强制实行环境污染第三方治理，以提升企业污染治理水平。具体采取的措施有：

一是上大关小、整合重组。以鼓风炉淘汰为契机，以园区带动为抓手，按照减量置换原则，共计整合原有小企业 10 家，建立技术先进、管理理念先进、环保设施配套齐全的规模型企业 1 家，全面提升重点行业企业污染防治水平，严控新增污染。

二是深入推进企业提标升级改造，强化治污减排。以云锡冶炼分公司、云新公司、自立矿冶公司等锡冶炼龙头企业为代表，着力推进提标升级改造，进一步完善了物料存储、烟气处理、雨污分流等改造升级，进一步降低了污染物排放水平。图 5-14 是锡冶炼企业烟气提标改造后的场景，图 5-15 是贮存设施提标改造后的场景。

三是强化重点监管，突出以管降污控污。建立土壤环境重点监管企业清单，实施动态管理，见表 5-4。与 16 家土壤环境重点监管企业签订了《土壤污染防治责任书》，明确了重点监管企业应当建立污染隐患排查治理制度、定期开展监测、采取措施防止新增污染等，依法压实了企业土壤污染防治主体责任，实现了以管降污控污的目的。

图 5-14　锡冶炼企业烟气提标改造后的场景

图 5-15　固体废物、危险废物贮存设施提标改造后的场景

表 5-4　个旧市土壤环境重点监管企业清单

序号	单位名称	行业类别
1	云南锡业股份有限公司铜业分公司	铜冶炼
2	云南振兴实业集团有限责任公司	铅锌冶炼
3	云南振兴集团电源有限公司沙甸分公司	铅蓄电池制造
4	云南锡业股份有限公司冶炼分公司	锡冶炼
5	云南锡业股份有限公司大屯锡矿	锡矿采选
6	云南锡业股份有限公司老厂分公司	锡矿采选
7	云南乘风有色金属股份有限公司	锡冶炼
8	云南锡业股份有限公司锡业分公司	铅锌冶炼
9	云南锡业股份有限公司卡房分公司	锡矿采选
10	云锡锡业锡化工材料有限责任公司	其他基础化学原料制造
11	个旧市旭众有色矿冶有限公司	危险废物治理
12	红河州现代德远环境保护有限公司	危险废物治理
13	个旧市老厂自雄选矿厂	锡矿采选
14	鑫联环保科技股份有限公司个旧分公司	铅锌冶炼
15	红河州红铅有色化工股份有限公司	铅锌冶炼
16	个旧市成功冶炼厂	铅锌冶炼

5.3 管控土壤污染风险，提升先行区风险防控能力

5.3.1 土壤污染源风险管控

个旧市坚持源头管理精细化、贮存转运规范化、利用处置无害化，加强对固体废物利用处置的全过程监管，提升危险废物规范化管理水平，加强对一般工业固体废物的管理。全面排查先行区内有色金属冶炼废渣类固体废物及危险废物堆场情况，加强对大宗冶炼废渣及危险废物等工业废物的处理处置，制定堆存场所整治方案，进一步落实重金属风险防控措施。积极推进鸡街渣场、冲坡哨渣场及红河危险废物处置中心等固体废物、危险废物处置设施项目建设、验收及运行保障工作，提高冶炼废渣、危险废物无害化处置保障能力。积极推进以危险废物渣为代表的高风险历史遗留废渣应急风险防控工作，完善封闭覆盖、截排水等污染应急防治措施，防控废渣堆场环境风险。

5.3.1.1 全面推动一般工业固体废物风险管控，有效控制固体废物堆场风险

个旧市积极探索示范冶炼废渣原位风险管控技术，依托冶炼废渣堆场原位风险管控示范工程，以污染型渣场向污染衰减型转变的风险防控思路为核心，探索形成包括环境风险评估、冶炼废渣堆体整形与围挡、表层防渗系统构建、渗滤液收集与导排系统建设、地表水控制系统建设、表层覆土绿化等，以及后期运行维护与监测评估的风险管控技术体系，并建设完成了占地 1.73 万 m^2，渣量约 50 万 t 的废渣堆场风险管控示范工程。工程实施效果见图 5-16。

整治前状况

整治后效果

图 5-16 示范渣堆整治前后效果

2019 年以来，以个旧市冶炼废渣调查及风险分级为基础，以个旧市冶炼废渣风险管控示范项目为指导；通过争取中央土壤污染防治专项资金支持，地方自筹及动员企业出资等方式筹集资金近 2.6 亿元；先后实施了 10 余个固体废物堆存场所环境整治项目，一年内累计完成近 40 个渣堆的原位风险管控，全面控制了全市固体废物堆场的环境风险，有力地支撑了全省固体废物堆存场所整治任务的完成。冶炼废渣风险管控渣量统计见图 5-17。

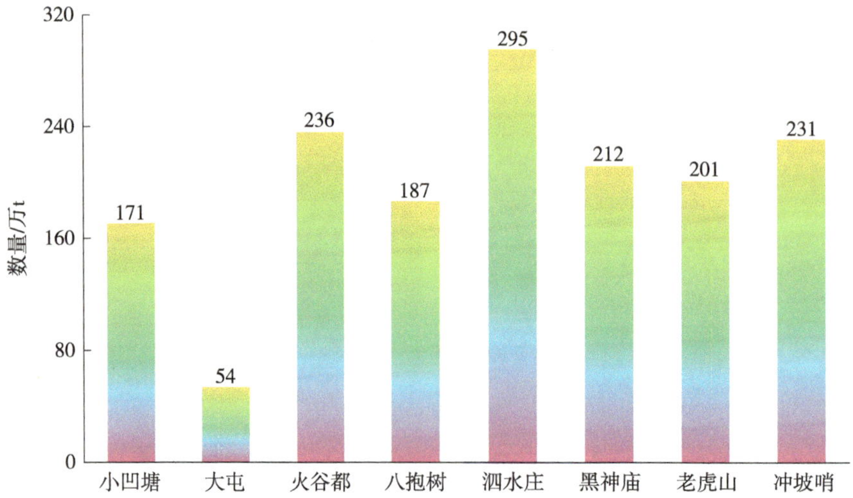

图 5-17 个旧市各片区冶炼废渣已开展风险管控渣量统计

5.3.1.2 强化危险废物应急风险管控，防控危险废物渣堆风险

基于遗留危废数量多且短期内不具备安全处置及资源化利用条件的实际情况，针对危废渣突出的环境风险隐患，以风险控制为核心，首先开展应急风险管控，防控风险的同时探索资源化与无害化处理方式，争取时间和空间，逐步消除危废渣的环境风险隐患。应急风险管控实施效果见图 5-18。

图 5-18 某危险废物渣堆应急管控前后效果

5.3.2 农用地风险管控

5.3.2.1 探索重点流域农用地质量划分，强化农用地分类管控

个旧市探索开展精细化、小尺度土壤质量类别划定。以个旧市重点流域农用地为对象，完成了农用地土壤环境质量类别划定试点项目。项目对 45 000 余亩农用地开展精细化、小尺度土壤质量类别划定，做到了农用地质量划分细化到户，精准指导到户，为有效促进农用地安全利用，提升农用地风险管控质量和水平奠定了坚实的基础。农用地试点划分与调查范围见图 5-19。

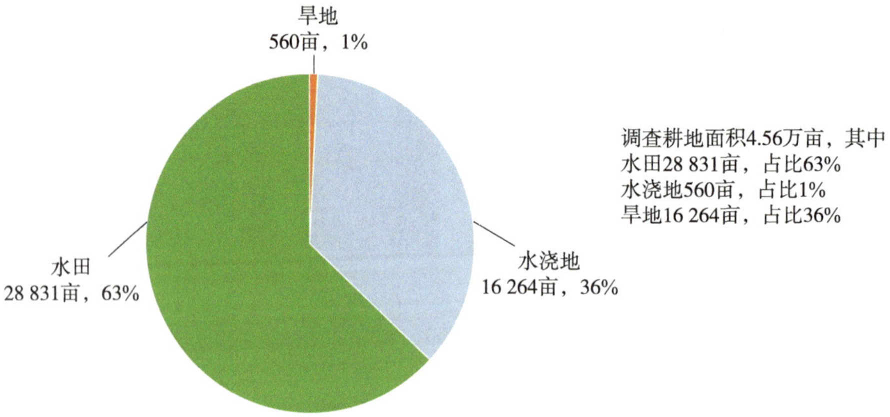

图 5-19 调查耕地面积及类型占比

5.3.2.2 试点推进农用地安全利用，提升农用地安全利用率

个旧市以国家土壤污染修复试点项目为依托，积极开展受污染耕地安全利用或重度污染土壤种植结构调整试点示范。同时，加强治理效果评估，形成一套易推广、成本低、效果好的治理修复技术，总结受污染土壤修复技术、种植结构调整等操作经验，探索建立耕地安全利用模式及耕地风险管控模式，促进全市受污染耕地全面完成治理与修复。

个旧市以乍甸片区重度污染土壤为对象，结合区域产业特点，实施了农田土壤污染治理与修复技术应用试点项目，建立“土壤改良 + 低累积牧草选育 + 农艺调控”的“粮改饲”模式，实现了技术与当地主导产业及地方特色旅游业的融合，全面促进了区域农业发展、农民增收和农村繁荣。个旧市土壤修复技术“粮改饲”模式的试点示范和推广见图 5-20 和图 5-21。

图 5-20 “粮改饲”大棚与田间小区筛选

图 5-21 “粮改饲”大田推广示范

个旧市在相关调查研究、探索总结的基础上，建立农作物种植正负面清单，逐步引导农民减少负面清单中作物的种植，加大正面清单作物种植的推广力度，进一步通过调整种植结构等方式，不断提高农用地安全利用率。积极总结试点示范项目技术优势及种植经验，改进不足，完善措施，全面推广先进适用的农用地治理修复技术，逐步改良区域土壤环境质量。通过种植结构调整及修复治理双管齐下，共同促进区域农用地安全利用率的提高与全面稳定达标。

5.3.3 建设用地风险管控

个旧市进一步强化建设用地分类管控，全面提升土地的安全利用水平。

一是以建设用地分类管控为核心，实施了某新区建设用地功能优化调整项目。

通过项目实施，建立某新区建设用地土壤环境质量基础数据库；并基于数据分析提出了用地功能调整优化建议，着力促进城市功能与土壤环境质量相匹配，达成了用地规划与土壤功能的统筹协调；从城市空间布局上合理确定修复的重点，避免过度修复或者修复不足，有效降低人居健康风险，促进了全市建设用地安全利用水平的提升，探索建立了“新区建设用地功能优化调整模式”。

二是以典型关停选矿企业场地为对象，实施了关停选矿企业污染地块生态恢复示范工程。通过工程项目的实施，探索建立关停选矿场地调查、建构筑拆除等成套技术体系，显著提升了全市关停搬迁选矿场地的风险管控水平。项目实施效果见图 5-22。

整治前状况

整治后效果

图 5-22　关停搬迁选矿企业场地生态恢复示范项目前后效果对比

5.4 从土壤污染监管能力建设破题，保障先行区建设顺利推进

5.4.1 创新土壤环境管理体系

个旧市围绕农用地、建设用地、固体废物堆场等内容，从联动监管、项目库建设与管理、监测、风险管控等环节，探索建立有针对性、可操作性强的土壤环境管理制度体系，确保先行区建设有章可循。

（1）农用地土壤环境监测制度

土壤环境监测是了解土壤污染程度的重要手段，为环境管理和污染防治提供科学的依据。为了防范农用地的污染，要建立个旧市农用地土壤环境监测制度。通过农用地土壤监测数据收集与分析，形成数字化、系统化的土地质量监测网络。为制定农用地环境保护方案时提供准确的数据支持，从而使其更加有效。其中，农业用地的污染源动态监测应当成为监测的重点。

（2）农用地土壤风险管控制度

建立个旧市农用地土壤风险管控制度，针对农用地土壤环境状况调查结果中土壤污染物含量达到或超过污染土壤风险管控标准的，应当开展农用地土壤污染风险评估工作。农用地风险评估工作应包含：所在地土壤利用历史及农业活动情况；肥料、农药等农业投入品施用情况；周边污染源以及污染物排放情况；土壤、灌溉水等环境质量状况；粮食、蔬菜等作物可食部分污染物含量；土壤污染物经食物链等暴露途径分析；污染物人体健康毒性、生态毒性评估；污染物的人体健康风险、生态风险表征等。对需要实施风险管控的农用地土壤，应根据具体情况采取限制特定农作物种植、开展农产品质量检测、对受到污染的农产品进行管制或销毁等必要措施。

（3）建设用地联合监管制度

以先行区建设为契机，理顺污染地块调查评估、治理修复、场地收储和场地流转的前后顺序关系，明晰污染地块搬迁、修复、收储、流转、再开发等过程中环

境、自然资源、工信等政府部门的管理责任，加强统筹协调，建立长效联动管理机构，并配备好人员与相关物资，形成操作性较强的联动管理细则，从根本上保障先行区高效、高质量地完成建设目标。

各联动机构要严格履行相关职责，针对未按有关规定开展场地环境调查、不满足建设用地土壤环境质量要求或治理修复责任不明确、治理修复方案不落实、治理修复技术不达标的，相关部门暂不核发规划选址意见书，不组织出让；已完成土地流转的污染地块，需治理修复达到相关环保要求才能开工建设新建项目；在治理修复未通过验收前，暂不受理原址新（改、扩）建项目的环境影响评价和建设项目环保竣工验收。

（4）冶炼废渣管理办法

先行区建设从个旧市实际出发，出台《个旧市冶炼废渣管理办法（暂行）》，明确各类废渣的管理要求、监管职责、规范废渣堆存、规范污染防治、严格法律责任。在管理办法基础上完善或出台其他工业固体废物管理办法或细则，使个旧市工业固体废物污染防治有法可依、有规可循，促进工业固体废物的整治工作全面完成。

（5）废渣环境风险隐患排查制度

个旧市有色金属冶炼企业众多，生产过程中产生的工业固体废物仍然是环境管理的重点。为动态了解和掌握个旧市废渣环境风险，给政府和生态环境部门研究制定废渣污染防治政策和计划、加强废渣监管执法和污染防治提供依据，专门研究制定了《个旧市废渣环境风险隐患排查制度》。明确各废渣产生单位开展废渣环境风险隐患排查及相关活动情况和废渣污染防治全过程管理情况排查要求，并明确了各有关单位监督管理责任，保障个旧市废渣环境风险隐患排查工作规范有序地开展。

（6）冶炼废渣堆场污染风险排查整治工作制度

个旧市历史遗留冶炼废渣数量较大，综合整治及风险防控需要经过多年持续性的系统整治。为保障废渣整治效果，持续、高效地推进废渣的综合整治，建立了《个旧市冶炼废渣堆场污染风险排查整治工作制度》。明确了整治进展情况排查责任主体，现场排查重点、要点，归档材料明细及档案保存要求等内容，保障了全市冶炼废渣综合整治情况的有效推进。

5.4.2 完善监管能力建设

个旧市根据先行区建设需要，通过多种渠道补充配置相应的土壤环境监测设施设备，全面完善和提升全市的土壤环境监测能力，为先行区建设提供监测方面的强有力支撑。强化土壤环境监管人才队伍培养和锻炼，全面提升监管团队的理论素养、技术水平和管理能力，为先行区建设保驾护航。

（1）土壤环境监测及应急预警能力建设

加强个旧市环境科研监测站的能力建设，在三级站基础上，对个旧市环境科研监测站已有老旧设备进行更新换代，同时添置先进的环境监测设备，以此大力提升个旧市环境科研监测站的硬件设施水平。环境监测能力建设于2018年启动并持续推进，已极大地提升了个旧市环境科研监测站对区域土壤环境监测及监管的保障能力。

强化土壤环境污染风险预警与应急管理决策支持系统建设。全面开展环境风险源调查，建立全市环境风险源档案；督促政府相关部门及各企业结合自身实际编制、修订自身突发环境事件应急预案，不断完善个旧突发环境事件应急预案管理体系，实行预案动态管理。完善“职责明确、规范有序、协调作战”的环境应急指挥体系和工作联动机制，发挥应急管理、环境监测、应急专家、专业救援队伍保障的作用。同时针对不同区域的地理环境、企业污染类型等实际情况，由个旧市应急办负责定期组织开展突发环境事件应急演练，从而不断提高个旧市应对突发环境事件的综合防范能力。

（2）土壤环境信息化管理能力建设

个旧市立足当地土壤环境信息化管理实际情况，对农用地土壤、建设用地土壤、污染源、项目建设等进行系统化管理。面向政府与公众、国家与地方，结合个旧市土壤环境建设的现状，完善法律法规建设、标准规范建设、基础设施的建设，推进个旧市土壤环境保护监测能力建设。建立个旧市土壤环境保护资源数据库并动态更新，构建大数据体系，提升大数据的分析能力，推进数据库结构建设。采用先进技术，构建个旧市土壤环境综合管理平台和污染风险预警与应急管理决策支持平台，跟踪环境管理制度和相关规划的实施情况，完善公众参与和信息公开，提升土壤环境信息公众服务水平。建成满足土壤环境管理业务化运行和决策支撑的个旧市土壤环境综合管理信息平台，整体实现土壤环境的信息采集、传输和管理的数字化、智能化、网络化平台，建成地市土壤环境管理平台的试点示范。

（3）建立土壤污染防治项目库

结合当地土壤污染防治实际情况，突出规划引导作用，围绕土壤污染状况调查评估、土壤污染风险管控、污染土壤（农用地 / 污染地块）治理与修复、治理与修复试点示范、土壤环境监管能力建设五大类型组织筹建个旧市土壤污染防治项目储备库，促进全市土壤污染防治项目管理科学化、规范化和精细化，不断提高土壤污染防治项目管理水平。同时强化项目库的动态管理，切实做到围绕土壤目标，结合省级及中央土壤污染防治专项资金管理的要求，按照轻重缓急、社会影响等方面择优遴选，成熟一项、列入一项、推荐一项，合理排序，争取列入省级项目储备库，争取更多中央及省级专项资金支持。

（4）项目质量管控机制建设

个旧市始终认为试点示范及其他项目是先行区建设的重要抓手，关系到先行区建设的成败。个旧先行区建设领导小组及红河州生态环境局高度重视先行区建设项目质量控制，从项目立项、招投标、项目实施、项目验收等重点环节全方位监管，严把质量关、过程管理关，做到一个项目切实能够解决至少一个问题，由点及面，推广应用，出成效、出模式。严格项目程序管理、过程管理和质量管理等整套流程见图 5-23～图 5-26。

图 5-23　专家研讨、现场检查与质量控制

图 5-24 隐蔽工程等过程检查、验收

图 5-25 工程现场初验

图 5-26 项目评审管理

5.4.3 严格环境准入管理

个旧市坚持新、改、扩建涉重金属重点行业建设项目严格遵循重点重金属污染物排放“减量置换”，严控增加重金属污染物排放的项目。“十三五”期间，仅新投产项目 16 个（表 5-5），新审批项目 5 个（表 5-6），累计淘汰鼓风炉生产线 58 条，关停选矿企业 343 家，从项目准入环节则开始突出关注土壤重金属污染防控。

表 5-5 “十三五”期间“减量置换”原则新投产项目一览表

序号	企业名称	重点行业类别	项目建设内容
1	个旧市旭众有色矿冶有限公司（豪杰车间）	铅锌冶炼	拆除原有粗铅 10 800 t/a 鼓风炉生产线，技改为 60 kt/a 含锡铅锌铜危险固体废料资源综合利用生产线，回收电铅 1 816 t 及其他有价金属
2	个旧市达明威工贸有限责任公司	铅锌冶炼	拆除原有粗铅 12 000 t/a 鼓风炉生产线，技改为富氧侧吹工艺处理低品位铅银废料，年产粗铅 20 000 t
3	个旧市旭众有色矿冶有限公司	铅锌冶炼	拆除原有粗铅 9 750 t/a 鼓风炉生产线，技改为富氧熔池熔炼工艺处理低品位铅银废料，年产粗铅 1.034 万 t
4	个旧市同富电冶有限公司	铅锌冶炼	原有电解铅 60 000 t/a 生产线，新增火法冶炼粗银 542.1 t/a、锑白 5 846.2 t/a、铋锭 2 755.55 t/a、粗铅 6 718.6 t/a 生产线
5	个旧市云新有色电解有限公司	锡冶炼	新增 3 000 t/a 精锡生产线，达到 6 000 t/a 精锡产能。同时企业对污染治理设施进行提标改造
6	个旧市光博电冶厂	铅锌冶炼	原年产电铅 70 000 t，新增电炉炼锡 6 000 t/a 生产线，反射炉炼锑铅合金 10 000 t/a 生产线
7	个旧市盛云有色冶炼厂	锡冶炼	拆除原有粗铅 7 200 t/a 鼓风炉生产线，技改为综合处理锡尾矿再选中矿、复杂难选伴生矿及含锡冶炼废渣的生产线，形成年产精锡 6 000 t
8	个旧市凯盟工贸有限责任公司	锡冶炼	原有 3 000 t/a 精锡生产线，新增 7 000 t/a 精锡生产线，达到 10 000 t/a 精锡产能。同时企业对污染治理设施进行提标改造
9	个旧市沙甸和群有色金属有限公司	铅锌冶炼	原有 3 400 t/a 次氧化锌粉生产线，湿法提铟工艺升级改造
10	个旧市泰瑞通电源有限公司	铅蓄电池制造业	原有 48 万 kVAh 铅酸蓄电池生产线，增加至 110 万 kVAh 阀控密封铅酸蓄电池生产线

续表

序号	企业名称	重点行业类别	项目建设内容
11	鑫联环保科技股份有限公司个旧分公司	铅锌冶炼	原有 4 万 t/a 电锌产能，历年改（扩）建后新增 2 万 t/a 电锌产能，达到 6 万 t/a 电锌产能
12	云南华鼎再生资源开发有限公司（锌业管理部）	铅锌冶炼	形成建设年处理 150 万 t 冶炼废渣，新增 77 029 t/a 粗铅、100 000 t/a 电锌产能（原有 2 万 t）
13	个旧市沙甸永和冶炼厂	铅锌冶炼	原有粗铅 6 000 t/a 鼓风炉生产线，技改为 12 000 t/a “五段一体炉”粗铅生产线
14	云南云帆有色金属股份有限公司	锡冶炼	搬迁，生产工艺及产能未发生变更
15	云南振兴集团资源利用有限公司	铅锌冶炼	企业原有 5.2 万 t/a 再生铅产能，技改扩建至 10 万 t/a 产能
16	云南锡业股份有限公司铜业分公司	铜冶炼	云南锡业股份有限公司铜业分公司电解系统 12.5 万 t/a 阴极铜升级改造项目

表 5-6 “十三五”期间“减量置换”原则新审批项目一览表

序号	企业名称	企业所属重点行业类别	环评审批单位	环评审批文号
1	云南振兴集团电源有限公司沙甸分公司	铅蓄电池制造业	云南省环境保护厅	云环函〔2018〕295 号
2	云南锡业股份有限公司	锡冶炼	云南省环境保护厅	云环审〔2018〕34 号
3	个旧市联旭矿产有限公司	铅锌冶炼	云南省生态环境厅	云环审〔2019〕1-63 号
4	个旧市达明威工贸有限责任公司	铅锌冶炼	云南省生态环境厅	云环审〔2019〕1-64 号
5	个旧市旭众有色矿冶有限公司	铅锌冶炼	云南省生态环境厅	云环审〔2019〕1-65 号

5.4.4 建立严格的责任考核机制

个旧市专门成立以市长为组长、分管副市长为副组长，生态环境、自然资源、农业农村、发展改革、工信、财政等多个职能部门为成员的个旧市土壤污染综合防治先行区建设工作领导小组，领导小组办公室设在红河哈尼族彝族自治州生态环境局个旧分局。同时，个旧分局建立了专班班子和工作人员，加强市与乡镇（街道）

两级上下联动，全力推进先行区重点项目实施，并协同相关部门推进先行区建设。

先行区建设不仅需要出经验、出模式，更需要最终考核验收有据可依，设计的指标具有可考核性，进而确保先行区工作的有序性及高质性，因此制定了个旧市先行区土壤污染综合防治工作考核办法。根据云南省土壤污染综合防治工作考核办法与要求，结合先行区建设特点，制定并出台《个旧市先行区土壤污染综合防治工作考核办法（整体考核）》和《个旧市先行区土壤污染综合防治工作考核办法（部门考核）》并报云南省生态环境厅备案。综合考虑先行区建设推进成效、区域环境质量改善、省级考核达标程度等方面，实施奖惩并举的考核机制，全面考核有关责任区政府及相关部门和主要领导，促进先行区建设工作有序推进。

5.4.5 注重宣传引导

个旧市各部门为加大土壤环境安全宣传教育力度，充分调动个旧市各类媒体资源，形成个旧市先行区土壤环境保护宣传教育方案，按方案推进宣传土壤环境保护的重要性，普及相关科学知识和法规政策及先行区建设情况等。提高公众土壤环境保护意识，把土壤保护变成全市人民的自觉行为。

个旧市在先行区建设中，广泛开展宣传“五进”活动（进社区、进乡镇、进企业、进学校、进环保组织），把土壤环境保护宣传教育融入学校、工厂、农村、社区等环境宣传和干部培训工作。利用广播、电视、报刊、网络、社区宣传墙报等，新闻媒体广泛开展多层次、多形式的舆论宣传和科普教育，及时报道和表扬先进典型，通过热线电话、公众信箱、社会调查等方式及时了解公众意见和建议。通过举办各种土壤环境保护学习班、研讨会和培训班，加强对各级领导干部和企业法人、经营者的土壤保护知识学习教育。重视土壤环境保护的基础教育和专业教育，组织专家编写中小学生的相关教材和面向社会各层次的科普读物。鼓励公众积极参与土壤环境保护，保障公众的表达权、知情权、参与权和监督权。

5.5 强化土壤污染治理与修复，巩固先行区建设成效

5.5.1 土壤污染源头治理

5.5.1.1 废渣清运填埋，彻底控制部分高风险渣场污染隐患

个旧市以废渣风险等级为依据，针对数量小、风险大、影响区域用地规划的渣堆进行清理，依托冲坡哨渣场、鸡街渣场进行规范填埋。“十三五”期间累计已经完成约 162 万 t 废渣的清运入库填埋，彻底清除了 10 个堆场内遗留的冶炼废渣，从源头上消除了固废堆场对环境的影响。

5.5.1.2 全面落实涉镉重点行业企业整治，降低粮食镉等重金属超标风险

个旧市始终坚持按照“一源一策”的原则，针对个旧市虎山矿冶有限公司、个旧市天黎冶炼厂等 18 家涉镉重点行业企业污染源存在的无组织排放严重等问题，按照污染物环境风险可控的标准，制定并落实了对应的管控方案，切断了镉等重金属进入农田的途径，降低了粮食中镉等重金属超标风险。

5.5.1.3 推进灌溉水—底泥协同治理，减少农灌水对农用地土壤的影响

个旧市针对流域灌溉水开展水体重金属污染治理，实施了倘甸双河河道含重金属底泥清淤治理工程等项目，累计清除含重金属底泥 28 余万 m^3，有效削减了河道重金属污染负荷，改善了灌溉水水质，遏制了灌溉造成的土壤污染趋势。

5.5.1.4 推进园区重金属污水配套设施建设，兜底防控重金属废水污染风险

个旧市以涉重企业聚集度较大，重金属污水风险隐患突出的冲坡哨、老虎山等工业集中区为对象，启动了冲坡哨片区（污水处理能力 600 m^3/d）和老虎山片区（污水处理能力 1 500 m^3/d）污水处理厂建设工作。对工业片区地表径流等进行收集处理，兜底防控这些工业片区对周边土壤的污染风险。

5.5.2 农用地修复治理

个旧市依托农用地土壤污染修复示范项目，以流域内轻中度、重度污染农用地作为受污染耕地分类管控试点，探索建立了轻中度及重度污染“低累积农作物筛选种植 + 农艺调控（钝化）”技术，筛选确立一批正负农作物品种清单，有效支撑了农用

地安全利用水平的提升。表现出较好的经济效益、社会效益和生态效益，受到领导、专家和群众的一致好评，见图 5-27 和图 5-28。

云南省政协领导莅临项目现场视察工作

云南省人大领导莅临项目现场视察工作

浙江大学环境学院教授现场指导

南京环境科学研究所专家现场指导工作

图 5-27　省、市领导，省内外专家视察指导

图 5-28 对农户开展技术培训、技术推广

5.5.3 建设用地治理修复

自 2018 年以来，个旧市启动“淘汰落后产能、关停小型选矿企业”行动后，原址的采选厂基本全部关停。按照治污项目化、项目产业化、产业绿色化的要求，关停、拆除选矿企业 18 家，将历史遗留选矿集中区改建为生态公园，并纳入个旧市森林质量精准提升项目。项目共拆除废弃厂房 24 000 m^2，开挖土方 147 672 m^3，回填土方 221 719 m^3，建成阳山生态公园。一共平整绿化场地 30 000 m^2，栽培乔木 10 921 株，灌木 381 株，水生植物 2 962.48 m^2，地被植物 148 768.4 m^2，并建设完成了主入口景观区、次入口景观区、生态景观区、滨湖景观区、田园休闲区、健身运动区 6 个区域。阳山生态公园发挥了生态修复、文体科教、健身休闲的功能，设置了生态性、文化性、活动性兼具的复合功能场地。其生态性体现在依托周围山势打造的生态停车场、休憩廊架、花瓣台地、花海跌瀑、阳光草坪、台地花园及护林廊；文化性体现为公园中心建设的 4 万 m^2 的民族团结文化广场，公园入口处 700 m^2 的墙面生态文明宣传墙即将建设为社会主义核心价值观片区；活动性体现为园区内建设有 1 800 m 的环形健康慢跑道、一块五人制足球场、两块篮球场、一块气排球场、一块老年人门球场、两块滑板车练习场。阳山生态公园面向公众开放后，锡城镇将探索“旅游 + 体育”发展模式，继续完善体育运动及健身设施，鼓励周边村民开发休闲娱乐及餐饮项目，将阳山生态公园建设成休闲公园、体育公园，让个旧市民、外来游客、本地村民共享生态修复、运动健康的红利，共同保卫个旧绿水青山、蓝天白云，共建世界锡都宜居个旧。阳山选矿集中区关停整治效果见图 5-29。

整治前

整治前

整治后

图 5-29　选矿集中区整治前后对比

5.5.4 开展矿山生态修复治理

个旧市以中央生态环境保护督察问题整改为契机，整合相关力量，对个旧市城市和通道面山的“五采区”、采石场等矿山总面积达 14.41 hm^2 的裸露采区开展生态修复治理。通过开展露天矿山植被恢复，防止水土流失，减轻地表径流的破坏作用，同时充分挖掘低效、废弃工矿用地的潜力，在探索保护耕地、保障发展、促进“两型社会”建设方面，发挥了明显的示范作用。“五采区”整治效果见图 5-30。

整治前

整治中

整治后

图 5-30　“五采区”整治前、整治过程中及整治后对比

6
CHAPTER

个旧市先行区建设技术模式研究与实践

6.1 历史遗留冶炼废渣原位风险管控模式

6.1.1 模式研究与实践

示范案例——某冶炼废渣堆场风险管控项目

1）项目基本信息

项目类型：涉重金属历史遗留固体废物治理类

实施周期：2019 年 6 月至 2020 年 10 月

项目经费：643 万元

项目进展：已通过业主单位的初步验收，项目效果评估已通过评审，项目实施达到了预期目的和要求。

项目被作为经典案例入选《土壤污染风险管控与修复技术手册》。

2）渣堆基本情况

（1）项目渣堆位于个旧市某冶炼聚集区，主要由历史上鼓风炉铅冶炼过程产生；占地面积 1.73 万 m^2，渣堆体积共 167 048.16 m^3，约 50 万 t。

（2）渣堆附近的所有企业均已关停，责任主体已灭失，污染治理责任由地方政府承担。

（3）根据 XRF 金属扫描仪检测结果，一类重（类）金属元素中砷、铅、铬及汞均有不同程度的检出，其中砷含量为 2 408.41～9 320.90 mg/kg，铅含量为 441.03～14 998.29 mg/kg，铬含量为 162.64～744.46 mg/kg；二类重金属中锌含量检出较高，为 19 681.37～28 141.71 mg/kg，其次是铜，含量为 1 576.129～2 866.83 mg/kg。

（4）渣堆共选取 90 个样品进行毒性浸出分析，对照《危险废物鉴别技术规范》（HJ 298—2019），该堆废渣不具备危险废物浸出毒性；随机抽取了 20 个样品，按照 GB 5086 规定的方法对部分重点关注重金属指标进行了浸出实验，对照《污水综合排放标准》（GB 8978—1996）及《一般工业固体废物贮存和填埋污染控制标准》（GB 18599—2020），可认定该渣堆为第Ⅱ类一般工业固体废物。

3）场地自然条件

（1）气候条件

拟建场地属亚热带山地湿润季风气候类型，年平均气温 15.9℃，年平均降水量 1 080.3mm，每年 5—10 月为雨季，降水量占全年的 80.3%，11 月至翌年 4 月为旱季。

（2）水文地质条件

该建场地属南盘江水系流域，其二级支流沙甸河从渣场区东北侧由东南向西北径流。沙甸河发源于个旧市白云山，由南向北经乍甸、鸡街、沙甸、石岩寨，于倘甸汇入泸江河，全长 15 km，汇水面积 139.7 km^2。乍甸河发源于乍甸镇水龙井和水头两处的地下泉流，自西南向东北蜿蜒流经乍甸坝区至锁龙桥与徐家冲之水汇合后流入鸡街转西入沙甸河。全长 19.6 km，河宽约 5 m，集水面积 118.9 km^2。

①地质构造。场地地形地貌属构造侵蚀—剥蚀低中山山麓缓坡地形地貌，场地地势总体北西高南东低。场地内无断层穿过，勘察场地位于漾田—鸡街—蒙自断裂（F72）南侧地段，距 F72 断裂约 4 km。F72 断裂为全新世活动断裂，该断裂在该地段属隐伏、推测断裂，根据发震断裂的定义，属于非发震断裂，按《建筑抗震设计规范》（GB 50011—2016）3.10.3 条规定，该场地建筑地震动参数不计入近场影响。

②地层岩性。场地处于山麓缓坡地带，地层成因比较简单，主要为第四系杂填土（矿渣）（Q^{ml}）、残坡积（Q^{el+dl}）次生红黏土和三叠系中统个旧组（T_2g_2）石灰岩组成，现对地基土层介绍如下：

第四系杂填土（矿渣）层（Q^{ml}）

第①层杂填土（矿渣）：褐红色、黑灰色，稍湿，松散，主要由黏性土和少量废渣组成，局部含少量植物根系。层厚 0.40～12.90 m，平均厚度 4.58 m。

第四系残坡积层（Q^{el+dl}）

第②层次生红黏土：褐红色、褐黄色，湿，可塑状态，局部硬塑状态，刀切面较粗糙，局部可见原岩原生结构。层厚 3.10～16.90 m，平均厚度 7.97 m。层顶埋深 0～12.90 m，层顶标高 1 218.52～1 241.63 m。

三叠系中统个旧组（T_2g_2）石灰岩

第③层强风化石灰岩：灰黄色、灰白色，湿，隐晶质结构，中厚层构造，岩石强风化，节理裂隙发育。岩体破碎，岩芯多呈碎石、碎块状。岩石基本质量等级为V级，沿节理裂隙面有少量黏性土充填。岩芯锤击易碎，干钻进较困难。揭露厚度 1.0～9.20 m，平均揭露厚度 5.52 m。层顶埋深 2.40～15.30 m，层顶标高 1 206.56～1 238.35 m。

③地下水条件。场地位于山麓缓坡地带，是地下水的补给、径流区。根据对场地揭露的地层岩性及地质环境条件综合分析，场地地下水类型主要有两类，第一类为赋存于杂填土（矿渣）和次生红黏土中的孔隙型上层滞水，含（透）水性弱；第二类为赋存于石灰岩中的风化裂隙水，含（透）水性、富水性弱，区域内地层泉水流量一般 2.36 L/s，单位涌水量 0.15～0.29 L/（s · m)，富水性中等偏弱，勘察区该地层中无泉水出露。地下水主要接受大气降雨补给，总体向场地南东侧排泄。

4）敏感受体及治理必要性

项目所在区域属珠江水系南盘江流域的重要补水区。本项目在有效实现污染源管控的同时，也减少了重金属向地表水的迁移，避免水质恶化演变。项目的实施，对保障区域水环境和农业灌溉用水安全具有重要意义。

5）治理修复目标

本项目结合区域冶炼废渣风险防控实际需求，从污染源治理、迁移暴露途径阻隔和受体保护及运维、监测等角度，分别提出风险防控技术措施。通过拦渣挡墙建设、零散废渣清理集中、堆体整治、表层防渗系统建设，地表径流控制、植被恢复，渗滤液收集与导排系统建设、后期运行维护及动态监测预警等措施，完成项目废渣的原位风险防控治理示范工程。使示范区域内遗留的含重金属废渣得到有效、合理处置，促进渣堆周边生态环境逐步恢复。初步建立所在地区冶炼废渣环境风险防控体系，降低废渣造成的区域环境污染，保障周边人居环境健康安全。

到 2020 年 12 月底，完成冶炼废渣示范工程建设任务，实现如下具体目标：

①完成项目区约 50 万 t 废渣的原封风险管控治理工程；

②项目区内散乱堆存废渣集中清理率为 100%；

③项目区内废渣规范围挡覆盖率 100%；

④场外雨水导排率为 100%；

⑤项目区植被覆盖率≥60%；

⑥场内渗滤液收集率≥95%。

项目总体技术路线如图 6-1 所示：

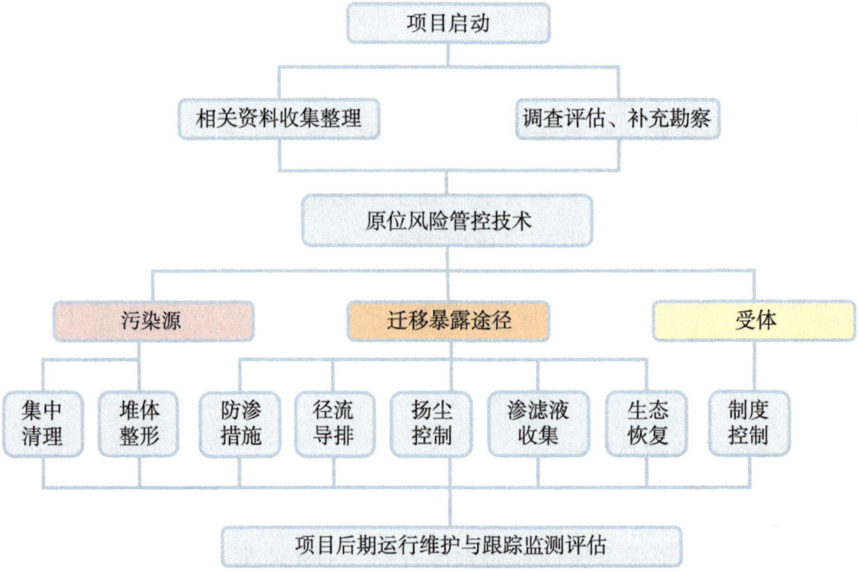

图 6-1　示范案例技术路线

具体实施现场与步骤见图 6-2，具体实施过程包括：

①堆体整形及渗滤液导排沟施工：包括人员、材料及机械设备进场、测量放线、废渣转运、边坡整形。

②拦渣挡墙建设：包括挡墙基础开挖，浇垫层、支模板、放毛石、浇混凝土。

③堆场区表层防渗系统构建：渣堆整形完成后 300 mm 厚黏土压实层覆盖，1.0 mm HDPE 土工膜铺设与焊接，6.0 mm 土工复合排水网铺设与焊接，300 mm 种植土覆盖。

④渗滤液收集与导排系统：截洪沟放线、浇垫层、两侧砌毛石，抹面；渗滤液收集池土方开挖，浇垫层、绑扎钢筋、支模板、浇混凝土。

⑤绿化：松土、撒草籽、浇水、绿化。

⑥监测系统：监测井钻孔、下管子、回填、做井盖。

⑦运行维护：包括场地位置的连续视察与维护、基础设施的不定期维护以及渣场周边环境的连续监测。

项目实施效果见图 6-3、图 6-4。

图 6-2 原位管控技术现场工作

6.1.2 模式特点

根据原位风险管控的技术思路，综合对比现有技术，原位风险管控技术具有显著的优势，具体如下。

1）无须进行新填埋区的选址和建设

本技术侧重防控渣堆雨水淋溶等主要风险，不存在严格的选址和建设过程，只要地质调查发现，该场地不存在不良地质条件，即可开展风险管控工作。

图 6-3　实施前后对比

图 6-4　原位风险管控前后对比

2）管控过程中尽可能减少对现有废渣堆体的扰动，降低二次污染风险

废渣在开挖过程中产生的扬尘，运输过程的撒落等都会不同程度地对环境造成

二次污染。原位管控不存在大量、长距离开挖、清理、运输等环节，这就大幅降低了项目建设过程中二次污染的风险。

3）总投资小，经济效益较高

采用废渣原位风险防控技术处理废渣的单价为 12.6 元 /t，而个旧市当地第Ⅱ类固体废物安全填埋费用为 153 元 /t。两者相比，原位风险管控技术成本低，经济性优势显著。

4）可操作性强，治理周期短

原位风险管控技术涉及的工程内容可操作性强，技术可靠成熟，施工难度相对较小，也没有繁复的审批手续，施工进度比较快，周期较短，资金保障到位的情况下 3～6 个月就能见效。

5）便于后续的废渣资源二次回收

由于原有冶炼技术工艺比较落后，废渣中各种有价金属的含量在未来冶炼技术不断提高的条件下尚有资源化回收的可能，是潜在二次资源。原位管控技术在管控现有环境风险的基础上，尽量避免对渣堆的物料的破坏，人为干扰物较少，为将来的废渣资源的再利用提供了可能。

6.1.3 模式成效

2019 年以来，在示范工程的相关管理与工程技术选择应用的基础上，充分进行了工程建设经验和不足的总结和分析，并推广应用至全市其他纳入废渣堆场整治中，实施成效突出。

1）管控渣量大

利用该技术，按时、按质、按量完成云南省工业固体废物堆存场所环境整治任务。2020 年，应用原位风险管控技术，对个旧市被列入云南省固体废物堆场整治清单的 40 个（片）固体废物堆场进行了整治，有力地支撑了全省固体废物堆场整治及涉镉等重点行业企业整治工作的顺利完成，得到了国家、省、州各级领导和有关专家的认可。

2）环境效益突出

通过原位风险管控的各项措施，截断了砷、铅、镉等重（类）金属污染物向附近水体和土壤及空气的迁移、扩散途径，削减了区域环境重（类）金属含量，有效地预防了重（类）金属对区域环境的二次污染。

3）经济效益显著

对照安全填埋技术（以鸡街渣场运营收费为基准），通过原位风险管控技术的实施及推广应用，个旧市处理冶炼废渣累计节约资金 21 亿元，经济效益显著。

4）社会效益明显

环境保护离不开人民群众的监督与参与。通过环境污染风险管控项目的实施，提高了人民群众的环境保护参与意识；强化了群众参与和监督作用，有利于废渣堆存区及周边环境保护工作的顺利开展，有利于地方经济的可持续发展和社会的稳定。

6.1.4 模式推广应用

在云南省生态环境厅的高度重视及支持下，云南省生态环境科学研究院联合多家单位，根据云南省冶炼废渣风险防控实际需要，在工程实施的过程中，总结技术实施经验，编制并发布了《历史遗留冶炼渣堆原位风险管控技术指南》（DB53/T 1170—2023）。该指南对历史遗留冶炼渣堆原位风险管控的基本原则、程序、内容和主要技术措施提出相关规定，规范历史遗留冶炼渣堆风险管控的设计、施工、验收和运行管理等内容，可作为云南省历史遗留冶炼渣堆风险管控技术方案编制、工程实施的指导性文件及生态环境管理部门监督管理的依据。该指南的实施对于支撑冶炼废渣堆风险管控，控制土壤污染隐患，保障渣堆周边环境安全等具有重要意义；同时也丰富和完善了云南省固体废物及土壤污染源头管控技术标准体系，对推动省内乃至全国同类型冶炼废渣堆场的风险防控必将起到示范带头作用，对推进工业固体废物堆场的治理工作具有积极的意义。另外，从风险管控的角度而言，该指南提出的阻隔措施对于其他类型废渣堆的管控也具有较大的参考意义。

截至目前，云南省采用该技术指南，开展原位风险管控的渣堆有 200 余个，涉及曲靖市、红河哈尼族彝族自治州、文山壮族苗族自治州等市（州）。该指南规定的原位风险管控工作程序见图 6-5。

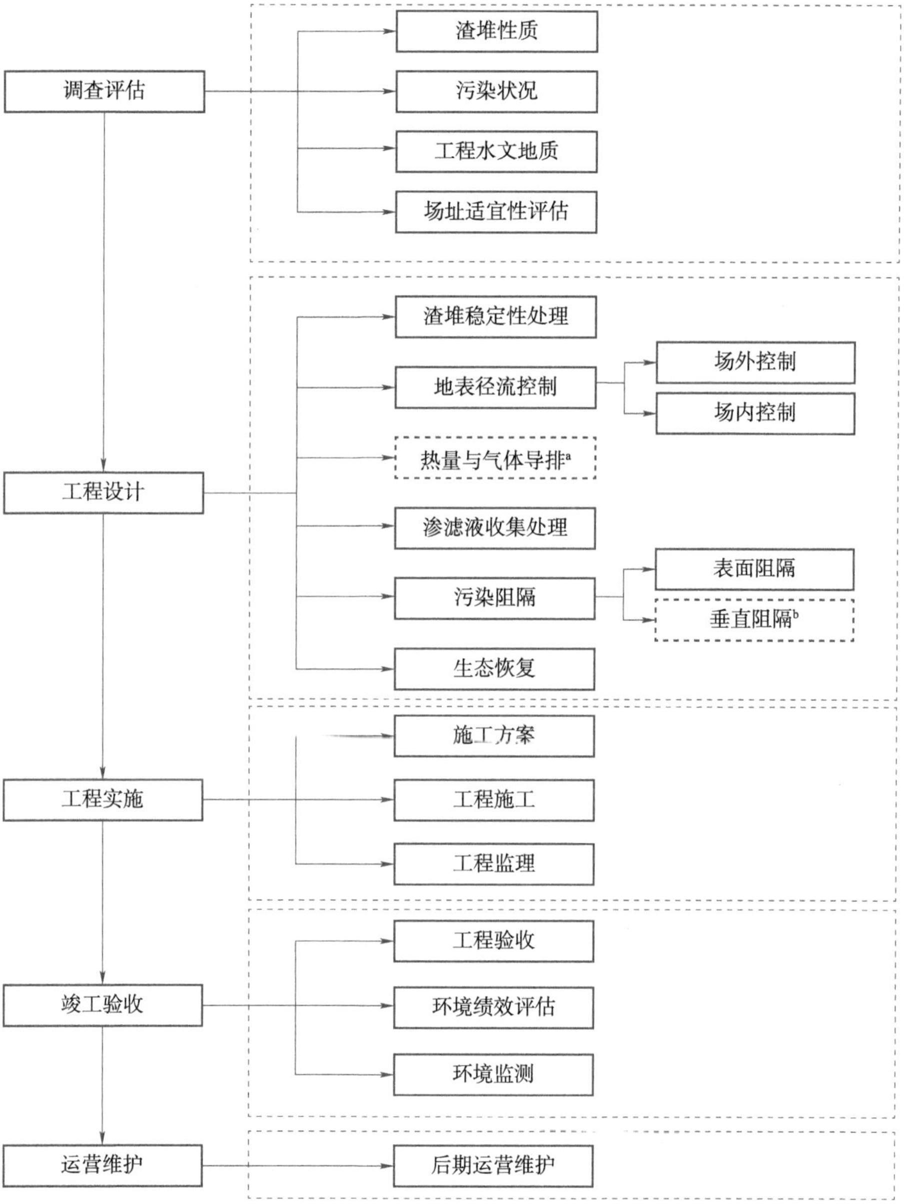

注：[a] 如在调查评估阶段发现渣堆内存在气体或者热量逸出情况，管控工程中应有热量与气体导排措施。
[b] 如在调查评估阶段发现渣堆有明显侧向补给的或存在地下水污染扩散风险的，管控工程中应有垂直阻隔措施。

图 6-5　指南规定的原位风险管控工作程序

6.2 建设用地开发利用功能优化调整模式

6.2.1 模式研究与实践

示范案例——某新区建设用地开发利用功能优化调整项目

1）项目基本信息

项目规模：规划新区面积 11.55 km^2。

项目进展：已经通过专家审查，并以专题会的形式向个旧市委、市政府进行汇报。相关成果得到了个旧市委、市政府的高度认可，并根据市委、市政府安排与新区国土空间规划单位进行了对接，项目成果中提出的地块功能优化调整建议基本上得到地方国土部门及国土空间规划编制单位的认可和采纳。另外，基于调查评估结果，国土空间规划正在开展新一轮的修编工作。

2）项目实施情况

（1）项目区历史沿革：20 世纪 60 年代以来该区域分布有零散锡矿采选企业、化工企业和冶炼企业，部分土地为荒地；至 20 世纪 90 年代以后该新区周边开始形成选矿企业集中区域，农林用地或荒地大量流向工矿用地和建设用地，工矿用地明显呈增加趋势；到 2016 年，个旧市建设选矿示范工业园区，区域内采选企业逐渐关停搬迁，遗留了大量的关停选矿企业场地。

（2）工作内容：结合区域土地利用规划和土壤环境质量分析情况，对建设用地功能提出优化调整建议。项目建设总体技术路线见图 6-6。

（3）调整原则：

①安全性原则。以人居环境安全为最低底线，分析判断各种策略的潜在风险，并选择能够保障人居环境安全的策略作为备选策略进行综合评判。

②可操作性原则。考虑地块功能调整变更程序、地块修复治理难易程度、资金与时间限制等方面的现实条件以及制约因素，分析选择更具有可操作性的策略。

③经济性原则。综合考虑地块调整、修复治理费用以及健康风险投入费用等，分析判断并选择投入低的策略进行备选和进一步评判。

④综合协调性原则。协调经济、社会、环境和地块功能等，从而使评判选择策略更具备综合的全面性，也避免了相关因素的严重制约。

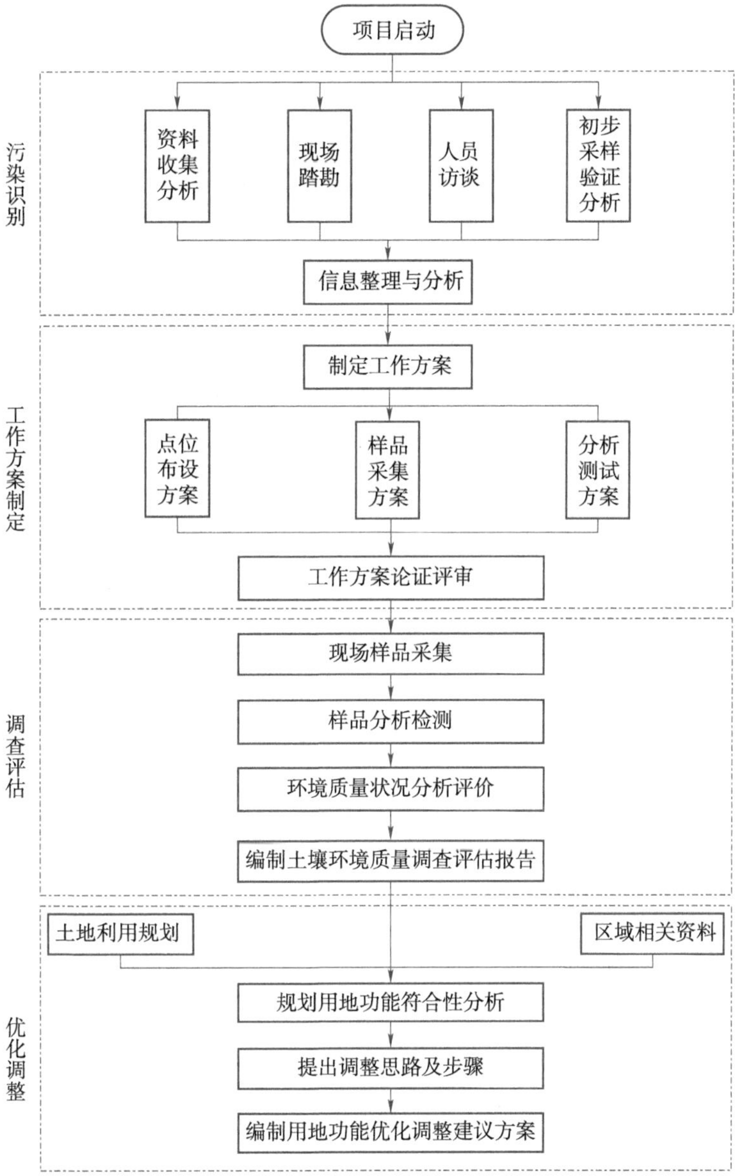

图 6-6 项目总体技术路线

（4）调整思路：

①根据土壤环境质量调查报告，对于满足原规划用地功能的地块不进行调整；

②调查报告中，需根据风险评估结果来判断土壤环境质量现状是否满足现阶段规划用地要求的地块，采取以下策略：

a. 有地下空间开发，且污染深度不超过 10 m 的地块原则上不做调整；

b. 需根据风险评估结果进行判定的地块，暂不做调整。

③本次调整主要针对调查结果显示土壤环境质量现状暂不满足现阶段规划用地要求的地块，其中：

a. 有地下空间开发，且污染深度不超过 10 m 的地块原则上不做调整；

b. 原规划为城市景观类等非敏感性建设用地原则上不做调整；

c. 对于无地下空间开发且土壤污染物含量基本超过管制值的地块，纳入本项目须修复治理地块清单进行管理，采取风险管控措施或修复治理后利用。

（5）调整步骤：

①第一类建设用地：

首先，对于完全满足原规划为第一类建设用地功能的地块不进行调整；

其次，对于有地下空间开发，且污染深度不超过 10 m 的地块原则上不做调整；

再次，需根据风险评估结果确定，暂不做调整。根据风险评估结果，若人体健康风险水平可接受，则地块功能不做调整；若人体健康存在不可接受风险，采取相关风险管控及修复治理措施后可实现安全利用的，则地块功能不做调整；若风险较大，修复治理成本较高的，则建议将地块调整为城市景观类等非敏感性建设用地；

最后，为尽量保障第一类用地面积不大幅减少，按就近调整原则，对于无地下空间开发且土壤污染物浓度高于管制值的地块，与第二类用地中的污染程度较低的地块进行对换调整。而对于无法进行调整的地块则纳入本项目修复治理地块清单进行管理，修复治理后再利用。

②第二类建设用地：

首先，对于原规划为第二类建设用地地块，但土壤各检测指标均满足第一类用地要求的，建议将其调整为第一类用地；

其次，对于其余满足原规划为第二类建设用地的地块、有地下空间开发且污染深度不超过 10 m 的地块、原规划为城市景观类等非敏感性建设用地地块原则上不进行任何调整；

再次，需根据风险评估结果确定，暂不做调整。根据风险评估结果，若人体健康风险水平可接受，则地块功能不做调整；若人体健康存在不可接受风险，则进行修复治理或管控；

最后，对于无地下空间开发且土壤污染物浓度高于管制值的地块，纳入本项目修复治理地块清单进行管理，采取风险管控措施或修复治理后利用。

建设用地开发利用功能规划优化调整方法见图 6-7。

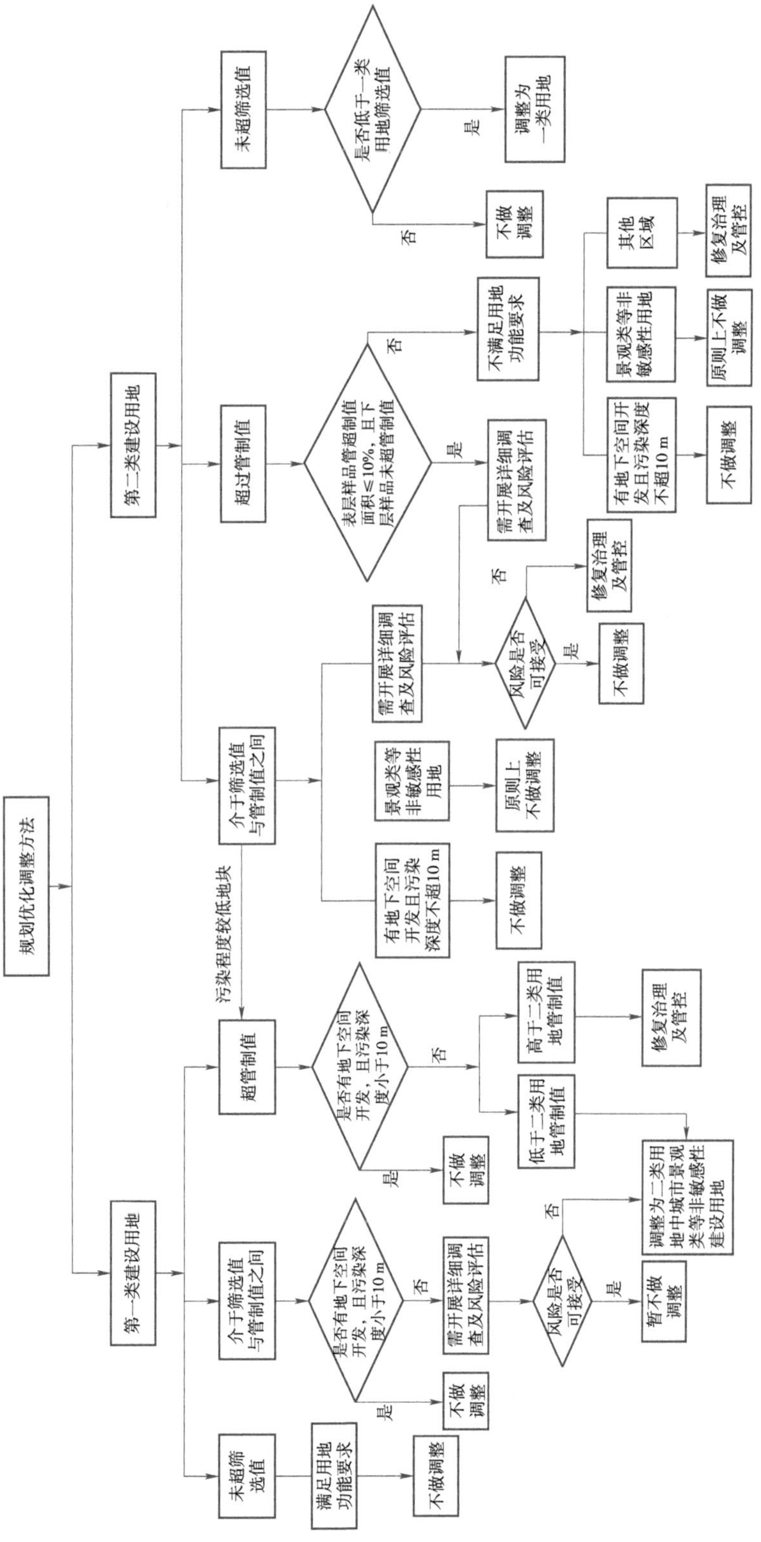

图 6-7 建设用地功能规划优化调整方法

3）项目成果

通过项目实施查清了区域内各地块土壤均存在不同程度的重金属污染现象且集中在表层，主要表现为多种重金属复合污染。下层土壤污染程度较表层减轻，可以看出，区域土壤污染受历史上选矿活动的影响较大。完成了新区核心区 7 个单元、97 个二级地块、316 个三级地块的用地功能对标评价工作，为用地功能调整奠定了基础。

6.2.2 模式成效

本模式的主要成效体现如下：

①重在先期介入，在规划正式审批实施前，启动新区土壤环境质量调查与对照功能区评价工作，从规划阶段即可实现指导区域用地功能的优化与调整；

②通过先期介入方式，突出城市功能与土壤环境质量相匹配，促进了用地规划与土壤功能的统筹协调，从城市空间布局上合理确定修复的终点，避免过度修复或者修复不足，有效降低人居健康风险；

③通过先期介入方式，在促进用地规划与土壤功能的统筹协调的基础上，降低因土壤功能不清而造成后期修复、风险管控等不必要的资金的投入与浪费，节约修复治理成本；

④该模式可以促进大规模建设用地全过程咨询服务管理体系的建设和形成，提升咨询服务支撑决策的效能。

6.2.3 推广应用前景

通过该模式的建立，可以促进全过程的咨询服务支撑决策管理的机制体制形成，未来对上位规划中的甲介山物流规划区、锡城阳山关停选矿企业片区、云锡冶炼分公司生产区、关停搬迁鼓风炉集中片区等开发利用具有重要且现实的借鉴意义，可促进污染场地安全利用率任务顺利完成。

6.3 关停选矿企业污染场地生态恢复模式

6.3.1 模式研究与实践

示范案例——某关停选矿企业污染地块生态恢复示范工程

1）项目基本信息

项目经费：总资金约 500 万元。

项目进展：项目已完成验收。

2）项目主要内容

在关停选矿企业地块的土壤污染状况调查与评估基础上，对关停、搬迁选矿企业场地特征污染物、污染程度、污染分布、关注重点等方面进行总结；并完成黏土阻隔防渗 + 表层硬化方式与柔性（HDPE 膜）阻隔 + 体育场建设利用方式两种风险管控策略示范。

3）项目主要成果

①技术报告：编制形成《个旧市关停选矿示范场地调查与评估报告》。

②技术指南：《个旧市关停选矿企业污染场地建构筑拆除技术规范》（征求意见稿）、《个旧市关停选矿企业污染场地调查技术规范》（征求意见稿）。

③工程成果：完成占地约 48 691 m^2 关停选矿企业污染场地生态恢复示范工程。

6.3.2 模式特点

（1）二次污染风险小，风险可控

管控过程中尽可能地减少了场地的扰动，不存在大量、长距离污染土壤开挖、清理、运输或药剂添加，降低了二次污染的风险。表层阻隔 + 周边截排水的工程措施及监测预警协同，可有效防控风险。

（2）总投资小，性价比较高

采用“表层阻隔防控 + 生态绿化”技术处理场地的单价为 75 元 /m^2，技术经济性优势显著。

（3）可操作性强，治理周期短

生态恢复模式所涉及的工程内容可操作性强，技术可靠成熟，施工难度相对较小，施工周期较短，资金保障到位的情况下在三个月内见效。

6.3.3 模式推广应用前景

据统计，个旧市内就有300多个关停搬迁选矿企业场地，省内其他市（州）也有分布。原位生态恢复风险管控模式具有成本可控、风险可控、景观协调性高等特点，推广应用前景广阔。

6.4 受污染耕地“粮改饲”安全利用模式

6.4.1 模式研究与实践

示范项目——某农田土壤污染治理与修复技术应用试点项目

1）项目基本情况

①项目规模：项目修复或安全利用范围占地面积300亩。

②项目经费：项目建设估算总投资约544万元。

③项目进展：该案例已经完成工程初验，修复效果评估已通过省生态环境厅组织的专家审查。效果评估结论认为该项目的实施达到了预期效果，“粮改饲”模式的实施既有效地管控了重度污染土壤的环境风险，同时与地方特色产业进行有效结合，也实现了修复与产业发展的“双赢”。

④项目区历史沿革：项目区一直以来用地类型为耕地，项目区北部为鸡街镇下乍甸村乍甸乳业牛奶小镇，南侧为下乍甸村水头村民小组，西侧为乍甸河，乍马大沟流经项目区。项目区南侧临近某涉重园区，由于历史原因，涉重园区冶炼企业烟气直排和正常生产性排放等累积作用，历史堆存矿渣雨水淋溶和冲刷，成为项目示范区土壤污染的重要原因。现阶段该片区企业源污染问题得到了有效治理，对周边区域土壤污染潜在风险基本可控。

2）施工条件

项目区地处云南低纬高原哀牢山脉东侧。土壤属于红壤，以大燥红土为主。项目所在地受产业链影响，耕地以种植牧草、蔬菜和玉米为主。片区奶牛养殖户约有 110 户，奶牛养殖规模 5 000 多头。目前片区奶牛养殖种植牧草品种主要涉及象草、紫花苜蓿、黑麦草和青储玉米等，种植规模分别为象草 8 500 亩、紫花苜蓿 1 500 亩、青储玉米 1 200 亩、一年生多花黑麦草 1 200 亩。象草和紫花苜蓿为多年生牧草，乍甸片区每年 5 月种植青储玉米，10 月种植黑麦草。项目区历年来以蔬菜、牧草混种居多，部分区域蔬菜、玉米和牧草轮种。

3）污染状况分析

（1）土壤污染状况

①土壤污染情况。项目区土壤主要表现为重（类）金属污染，主要污染物为砷和镉。整体呈现砷和镉的重度、中重度污染，整体表现铬、汞清洁。示范区铅、镍、锌等整体表现清洁，仅局部表现轻度、中度、中重度污染。铜同时存在清洁、轻度、中度、中重度以及重度污染，以轻度污染为主。

重（类）金属污染分布情况为以重度、中重度污染为主，占 95%；另有中度污染分布于示范区西南部，占 5%。

②土壤重金属有效态分析。项目示范区有效态镉、有效态砷的含量分布不均匀，其中项目示范区的东部区域有效态镉含量最高，西北部区域有效态砷含量最高。

③农作物质量状况。项目区常见种植的韭菜、莲花白（甘蓝）、黄花菜、空心菜、莴笋、葱和薄荷 7 种蔬菜中，除莲花白外的其他作物的镉、汞、铅、铬及砷均存在不同程度的超标情况，其中以铅、镉、砷的超标情况最为严重，超标率均为 100%，综合呈现为重度超标（$E_{ij}>2.0$）。

④牧草质量状况。项目区常见种植的一年生黑麦草、紫花苜蓿、皇竹草、象草、毛苕子中，一年生黑麦草砷、镉超标，紫花苜蓿砷超标，皇竹草、象草未超标。

（2）修复目标及范围

①土壤修复目标。土壤重点重金属镉的有效态降低 10% 以上（土壤改良区域）；通过该项目的实施，300 亩重度污染土壤实现“粮改饲”种植调整。

②农作物（牧草）修复目标。选育出 1～3 种适合奶牛养殖的相对低累积牧草品种；牧草产量不低于以往常规产量水平，且牧草中重（类）金属的含量（砷、镉）较现有水平降低 20% 以上。

③其他目标。编制完成《个旧市农用地粮改饲种植技术规范》（征求意见稿）。

4）修复技术方案

根据项目区土壤污染实际情况，结合区域特色产业发展需求，从技术可靠性、经济合理性等方面综合考虑，技术路线选择考虑探索性开展重金属低累积牧草品种筛选、重金属钝化技术、种植结构调整等，实现“粮改饲”种植，保障耕地得到安全利用。

项目建设内容为通过种植结构调整和重金属钝化技术，开展项目区 300 亩锡冶炼污染农用地的修复及安全利用。

（1）项目总体技术路线如图 6-8 所示：

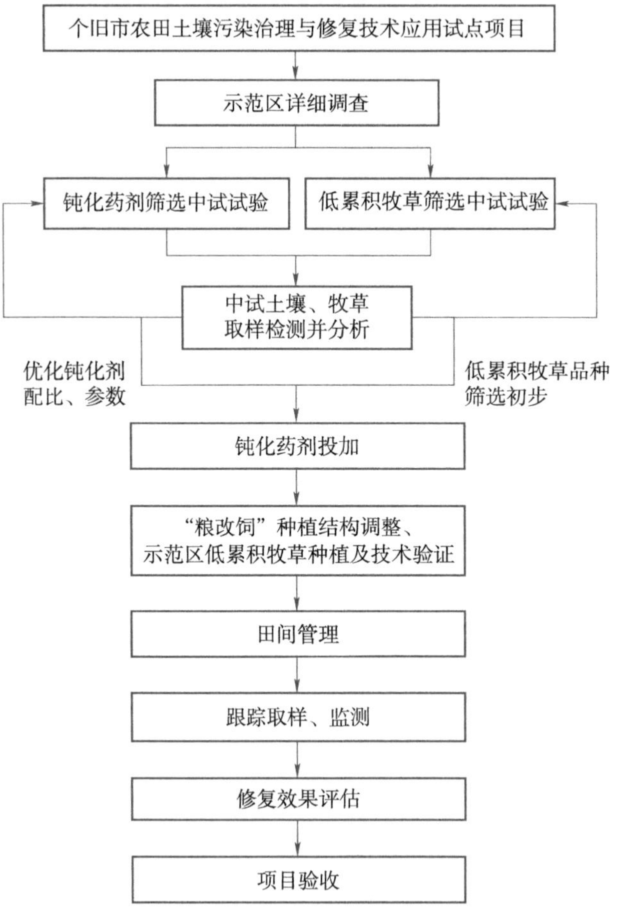

图 6-8　项目实施技术路线

（2）具体实施过程：

①重金属低累积牧草品种筛选。结合片区原有种植结构、原有牧草品种、“粮改饲”种植试点示范要求及项目区发展规划，综合考虑牧草生物学特性、适口性、

产量及景观性等因素，以初步确定的27种牧草开展田间小区中试试验，试验从27种牧草品种中筛选出7种相对低累积重金属的牧草品种。

②重金属钝化药剂筛选中试试验。项目结合钝化剂小试试验成果，以海泡石、石灰、碱性钙渣、牡蛎壳、钙镁磷肥、氯化铁、硫酸亚铁、圣清新材料Fe-Ce、圣清新材料Al/O、磷化材料、北京润鸣材料等多种材料组成的不同配方的钝化药剂，用于大棚盆栽试验（中试），以确定对镉、砷的钝化稳定化效果良好的重（类）金属改良药剂配方和投加用量。

③在中试的基础上，示范区在施撒钝化剂后，种植筛选确定的重金属低累积牧草品种，实现“粮改饲”种植结构调整。

（3）施工工序见图6-9：

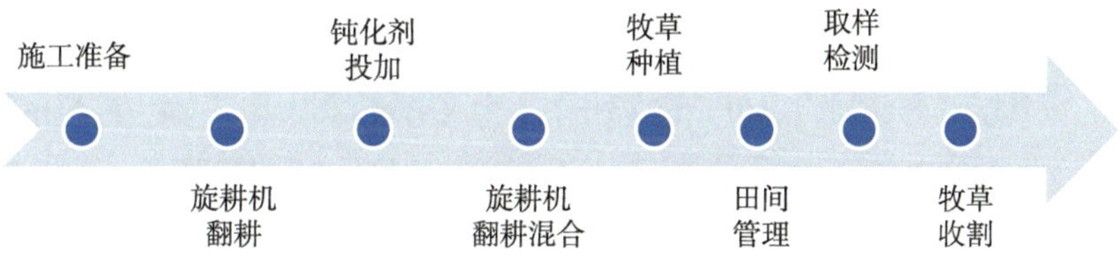

图6-9　大田推广示范施工流程

6.4.2　模式特点

①与地方特色产业结合严密，推广应用容易，接地气；

②可促进农民增产增收；

③实现了环境修复与经济发展的“双赢”局面。

6.4.3　模式成效

（1）显著的环境效益

项目实施后，可在一定程度上改善冶炼周边区域污染农田土壤的环境质量，并降低对周边水体的不利影响。

（2）良好的社会效益

通过农艺调控、种植结构调整等措施可以有效降低农用地重金属污染环境风险。形成了良好的“粮改饲”技术指导体系，推动当地奶牛养殖业安全发展，同时可为其他地区开展相关工作提供借鉴。

6.4.4 推广应用前景

个旧市拥有多家大型养殖企业，养殖总量多，牧草需求量大。特别是位于个旧鸡街镇的云南乍甸乳业有限责任公司，作为云南唯一一家集牧草种植、奶牛良种体系养殖、乳制品研发和生产加工、销售为一体的乳制品企业，其对高品质的饲草需求迫切。通过本项目所筛选的优质牧草品种及种植技术的推广应用，不仅能有效地提升个旧市受污染耕地的安全利用率，还能加快推进当地奶牛养殖产业的发展，进一步促进农民增产、增收。

6.5 “低累积农作物筛选种植 + 钝化调理”安全利用模式

6.5.1 模式研究与实践

示范项目——某农用地土壤污染风险管控与修复项目

1）项目基本信息

项目规模：共计修复 150 亩。

实施周期：2017 年 6 月至 2020 年 11 月。

项目经费：约 526 万元。

项目进展：完成项目验收。

项目被作为经典案例入选《土壤污染风险管控与修复技术手册》。

2）区域自然环境概况

项目所在地地处云南低纬度高原，属亚热带山地季风类型气候，由于受地理位置和地形条件的影响，气候的垂直变化显著。寒、温、热三大气候差异并存，四季不甚分明，海拔高差悬殊，气候的垂直分布规律明显。年均日照数 1 968 h，年均气温 12℃，年均相对湿度 70%，年均降水量 1 600 mm，全年多为南风和西南风，年均风速 3.3 m/s，风力一般为 3～5 级。

3）主要污染情况

（1）污染成因

本项目临近某涉重园区。该园区早年以有色金属冶炼、采选为主要产业，在现行相关产业政策要求下，园区内涉重企业已关停或整改。由于历史原因，采选废水排放、冶炼企业烟气直排、冶炼废渣不规范处置等造成重金属不断向周边环境迁移扩散。

（2）土壤类型及原种植农作物类型

项目所在地全区土壤主要为红壤、紫色土、水稻土等，土壤 pH 为 4.10～8.84，主要为碱性土壤（71.53% 的土壤 pH 大于 7.5）。该区域耕地土壤有机质含量属于中等偏上水平，表层土壤有机质含量为 3.56～98.8 g/kg，平均含量为 36.6 g/kg；深层土壤有机质含量为 0.00～57.8 g/kg，平均含量为 19.1 g/kg；该区域耕地的土壤阳离子交换量整体较高，土壤阳离子交换量为 4.62～53.0 cmol/kg，平均值为 22.0 cmol/kg。

本项目区域水稻种植较少，主要种植作物为玉米、蔬菜等。水田种植制度为一熟制，旱地主要种植玉米、小麦、蔬菜等。土地利用复种指数不高，常年生作物面积较小。

（3）污染物含量

按照土壤污染状况，将项目区域分为中轻度污染区和重度污染区。对照相关标准，中轻度污染区表层土壤中铜、铅、镉、砷 4 种重（类）金属元素存在超筛选值的情况，重度污染区域表层土壤中铜、铅、镉、砷 4 种重（类）金属元素不同程度地存在超管制值的情况，其中 As、Cd 污染较为突出。

通过重（类）金属有效态和生物有效性系数分析表明，项目区土壤镉、铜、锌、铅的生物活性很强，且易被植物吸收；砷的生物活性相对较弱；据此反映了土壤受镉、铜、锌、铅污染的风险较大，尤其应该关注镉的污染。

图 6-10 为研究土壤污染状况野外采样现场。

（4）修复面积

修复区域面积共计 150 亩，其中中轻度污染区面积为 100 亩，重度污染区面积为 50 亩。

4）安全利用和修复目标

①农作物可食用部分不超过《食品安全国家标准　食品中污染物限量》（GB 2762—2022）标准值，达标率＞95%。

②实行分区治理，不同修复后土壤镉、砷有效态分别降低 10%、20%。

图 6-10 野外土壤采样现场

5）技术路线

本项目区域分为 100 亩中轻度污染区（大棚 4 亩、大田 96 亩）和 50 亩重度污染区（大棚 1.3 亩、大田 48.7 亩）。其中大棚区域主要进行低积累作物筛选和钝化剂验证，大田区域采用农艺调控措施和土壤重金属原位钝化技术对污染土壤进行修复及安全利用。技术路线见图 6-11。

（1）钝化修复

本项目钝化修复技术具体操作如下：首先对示范区农田进行平整及杂草清除，并进行前期翻耕松土，为后续钝化做准备。前期准备完成后，调节土壤含水量至 20%～25%，然后将钝化剂分别按照设定比例撒播至土壤表面，并利用旋耕机对土层进行翻耕，以使钝化剂和土壤混合均匀。土壤与钝化剂混合后充分接触反应，需要养护 5 天，养护期间进行薄膜覆盖避免扬尘的同时可保持土壤含水率在 20%～25%。钝化修复具体实施见图 6-12。

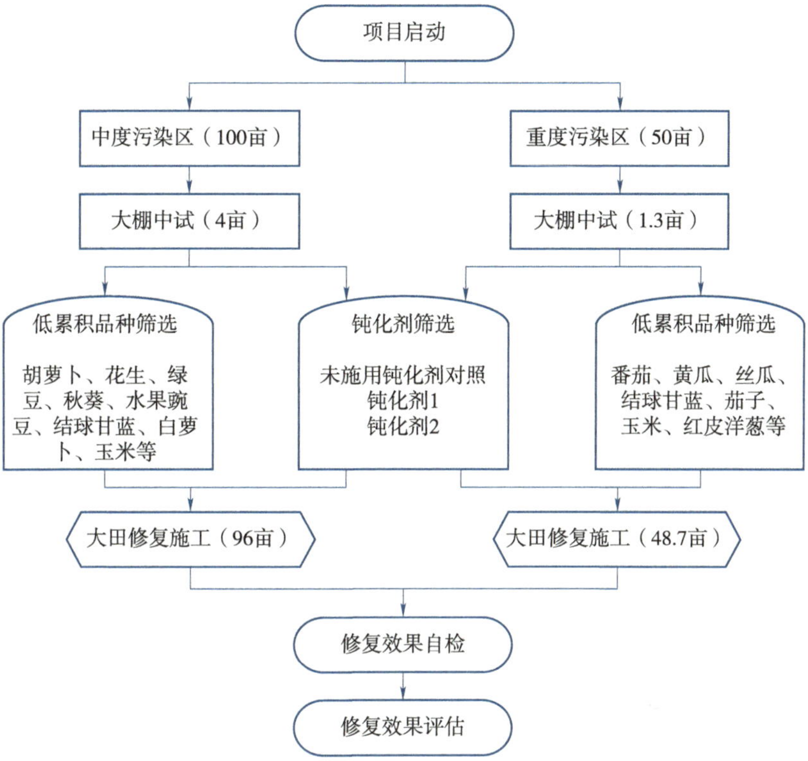

图 6-11 技术路线

图 6-12 翻耕、施加钝化剂、作物播种及施肥现场

（2）农艺调控

①低积累作物筛选。本项目在文献支撑基础上，进行品种收集。考虑到政府规划和项目实际的工期情况，在中轻度污染区和重度污染区大田种植玉米、豌豆、洋葱等作物，筛选低积累品种后，推广种植。具体包括以下流程：

a. 品种收集。根据作物的品种类型、环境适应性、产量、抗性等分类，初步筛出供试品种清单，同时选 1～2 个已知的稳定低积累品种作为参照。

b. 大田初筛及验证。采取随机区组设计，每个品种设置 2～3 个重复，初筛每个品种可以种植 2～3 行。正常农艺及田间水肥管理，成熟后收集作物可食部分测定重金属污染物含量。从初筛中挑选达标品种进行验证，采取随机区组设计，采用小区种植，实行初筛相同的田间水分管理方式，成熟期测定产量和作物可食部分重金属污染物含量。

c. 确立清单。对作物可食部分重金属污染物含量结果进行统计分析，比较各品种的低积累特性和稳定性等，最后确定污染物稳定低积累、产量及抗性合适的品种清单。应选择多种污染物均低积累的品种。

②水分管理。本项目周边地表水作为项目区域内的主要灌溉水源。而根据 2017 年地表水基本断面检测数据，水质存在砷超标。为避免在治理修复的同时引用受污染的灌溉水进行灌溉，在未受污染的河旁建设临时抽水——引水泵站，使用大功率抽水设备将清洁的河水抽至重度污染修复区现有灌溉水渠，中轻度污染区域新建一座蓄水池，从高位水池使用水泵抽水灌溉农用地，以满足项目农田具体实施区域范围及示范辐射区域的日常清洁灌溉用水需要。根据筛选的作物品种，对修复区农田土壤进行沟垄施工、开挖排水沟。种植期间采用传统地面灌溉，各农作物灌溉用水量参照《云南省用水定额》（2019 年版）。

③田间管理。项目农田施加重金属钝化剂与土壤充分旋耕搅拌混匀后，养护 3～5 天即可开沟起垄（作畦），在规范种植行条沟内播种或移栽农作物种苗，并进行清洁灌源、中耕除草、科学施肥、叶面阻镉、病虫害防治等田间管理措施。通过农艺调控措施，中轻度污染区域由一年种植 1 季变成一年种植 2 季，提高了土地利用率及产出，重度污染区农作物产量也有所提高。综上可知，农艺调控措施提高了项目区域农作物产值及收益。

农艺调控关键环节见图 6-13。

低积累品种筛选

水分调节

田间管理

图 6-13　农艺调控关键环节

6）实施效果

本项目田间实际污染土壤修复约 150 亩，修复深度 20 cm。项目实施后，实际农产品存在污染物的点位超标率低于 5%。联合修复技术实施后，土壤重金属修复达标率为 90% 以上。

7）长期管理措施

由于土壤环境是一个动态变化的系统，对重金属污染耕地土壤采用联合修复技术实施田间土壤修复后，仍需对土壤重金属污染状况进行定期监测，重点强化安全利用类耕地土壤环境质量与农产品质量安全（农作物超标风险评估）的协同长期监测机制。一旦出现农产品超标情况，须采取应急处理，如实行专企专收、分类贮存和专用处理。项目区农产品质量安全检测部分农作物采样见图 6-14。

8）经验总结

项目选定的环境友好型、有机 - 无机复合型钝化剂主要是有机质堆肥材料、生物质炭、改性黏土矿物等。中试大棚开展钝化剂筛选与低积累作物品种筛选同步验

图 6-14 项目区部分农作物采样现场

证试验，供试作物品种包括 7 个结球甘蓝品种、3 个黄瓜品种、2 个番茄品种、2 个丝瓜品种、10 个辣椒品种、13 个茄子品种、3 个水果型豌豆品种、3 个萝卜品种、4 个糯玉米品种和 5 个花椰菜品种。大面积田间修复示范工程选取低积累作物饲料玉米、洋葱、生育期短的鲜食甜玉米和水果型豌豆作为示范作物。

6.5.2 模式成效

项目实施后，可在一定程度上改善个旧市辖区重点流域内农田土壤的环境质量，并可改善污染土壤对周边水体的影响。

项目建立了低累积品种清单和负面品种清单，有效防控了食用农产品的超标风险。

探索建立了大春与小春两季种植的新模式，在保证农产品安全的基础上可促进农民增产增收。

6.5.3 推广应用前景

项目针对我国西南地区因金属矿采冶造成的镉、砷复合污染农用地，在农用地土壤环境质量详查基础上，结合镉、砷污染程度进行了分区，在此基础上实施分区治理，采用钝化修复技术、农艺调控修复技术及低积累作物品种筛选与应用技术的单项或集成，分别以农作物籽粒达标率和土壤中重金属有效态降低率为目标进行了修复。项目基于农用地污染修复中的无害化修复目标，与我国农用地土壤污染修复的国情、农情相适应，具有一定的参考价值；相关技术具有成本低、易实施和易推广等特点，为不同镉、砷复合污染农用地土壤的修复提供了借鉴。

6.6 耕地质量精细划分调整模式

6.6.1 模式研究与实践

示范项目——某耕地土壤质量类别划定试点项目

1）项目基本信息

项目规模：项目涉及耕地 45 000 余亩。

实施周期：2017—2018 年。

项目进展：项目已完成验收。

2）项目实施情况

（1）项目区区域耕地概况

项目区耕地总面积为 13.31 万亩，占区域总面积的 27.4%。其中水田 3.55 万亩，占总耕地面积的 26.6%；水浇地 0.20 万亩，占总耕地面积的 1.50%；旱地 9.56 万亩，占总耕地面积的 71.9%。

（2）项目工作内容

依据国家相关法律法规、技术标准、规范指南，借鉴国内外相关经验做法，结合项目区域的实际情况，完成项目区 45 000 亩耕地环境质量类别的划分，并制定本地化的可操作的耕地土壤环境质量类别划分指南等。

（3）具体实施过程如下。技术路线见图 6-15。

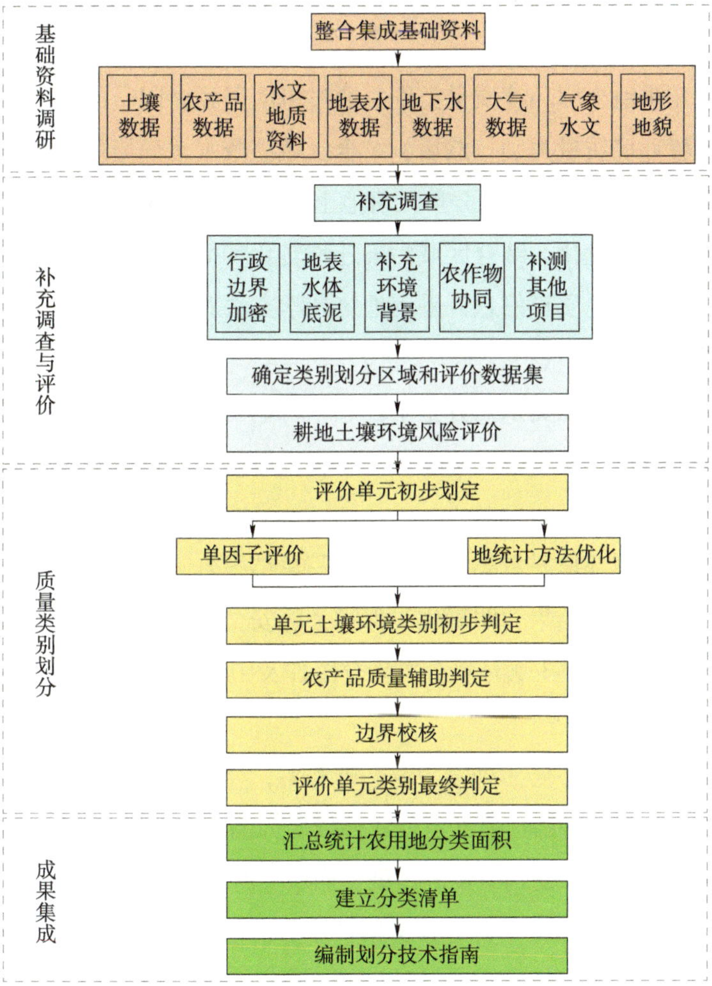

图 6-15　技术路线

①梳理集成前期的调查成果。对项目区域内的土壤环境质量调查、相关的重点行业企业地块调查和风险筛查、区域内地球化学调查、土壤背景值调查、农产品质量协同检测、地表水和大气环境质量监测等数据进行全方位梳理，形成可靠有效的基础数据集。

②开展补充环境调查。重点补充农产品质量调查和土壤重金属活性数据调查，进一步细化优化耕地污染场地概念模型，完善数据集，为科学、精准的耕地土壤环境管理提供基础数据支撑。

③开展耕地土壤环境风险评价。通过单因子法和多因子法对耕地表层土壤环境质量进行评价，通过农产品质量协同监测数据进行农产品安全性评价，通过重金属活性数据进行表层土壤重金属活性评价，通过与土壤背景值数据进行对比分析开展表层土壤重金属累积性评价。

④划分单元耕地土壤环境质量类别。通过单因子和多因子的评价方法，初步判定单元耕地土壤环境质量类别；然后，结合区域灌溉水水环境质量状况、区域大气沉降特点及农产品安全情况，划分单元耕地土壤环境质量类别。

⑤类别划分结果优化。结合区域污染迁移转化特征和污染物的环境行为，以及地形、地貌、水文、地质等信息，采用地统计学方法对划分的单元耕地土壤环境质量类别结果进行优化。

⑥编制耕地环境质量类别划分指南。总结耕地土壤环境质量类别划分的工作程序和技术方法，形成契合云南实际需要、展示个旧土壤污染防治先行示范区特色的技术指南。

⑦建立耕地土壤环境质量类别清单。撰写总结报告，提交划分成果。依据耕地土壤环境质量类别划分结果，明确优先保护类、安全利用类和严格管控类耕地的位置、范围、面积等，建立土壤环境分类划分图件及图表。

（4）主要污染情况

①项目区耕地土壤主要污染物为镉、砷和铅，存在少量的汞和铬污染。表层土壤五种重（类）金属超过筛选值的点位比例依次为镉＞砷＞铅＞汞＞铬。

②项目区下游地表水受到一定的污染，而中上游水质较好。

③根据背景值数据和重（类）金属累积性分析，项目区属于重金属铬、铜、镍地质高背景区域。

④耕地表层土壤中铬、铜、镍、铅、锌和汞的潜在生态风险轻微；部分区域土壤存在砷的中等和强级生态风险；而整个区域土壤中镉的生态风险表现在各个级别都有显著分布，且以强、很强和极强为主。与浅层土壤相比，深层土壤不存在很强和极强的生态风险。

⑤区域内的农产品质量在一定程度上已受到影响。其中对水稻和辣椒的影响较大，玉米和番茄受到的影响较小，四季豆未受到影响。

3）项目成果

①集成了 2 034 个耕地表层土壤样品和 173 个农作物协同监测样品数据；

②完成了耕地土壤环境质量类别精细划分；

③选择确定了区域内针对主要污染物重金属相对应的种植作物的正负面清单（图 6-16）；

④编制完成了耕地土壤环境质量类别精细划分指南。

(1) 选种低风险作物

土壤污染物	优先选种作物	不宜或慎种作物
铬	薄荷、豆角、茎类蔬菜、卷心菜、苦菜、块根和块茎蔬菜、辣椒、芹菜、莴笋、西瓜、番茄、小麦、叶类蔬菜、芸薹类蔬菜、四季豆	—
铅	豆角、茎类蔬菜、卷心菜、西瓜、玉米、芸薹类蔬菜、四季豆	薄荷、豆类蔬菜、水稻、苦菜、块根和块茎蔬菜、辣椒、芹菜、莴笋、小麦
镉	豆角、卷心菜、苦菜、西瓜、四季豆	薄荷、豆类蔬菜、块根和块茎蔬菜、辣椒、芹菜、莴笋、番茄、小麦、芸薹类蔬菜
砷	豆角、茎类蔬菜、卷心菜、苦菜、块根和块茎蔬菜、芹菜、莴笋、西瓜、番茄、玉米、四季豆	薄荷、豆类蔬菜、水稻、小麦
汞	薄荷、豆角、茎类蔬菜、卷心菜、苦菜、块根和块茎蔬菜、莴笋、西瓜、番茄、小麦、四季豆	豆类蔬菜、芹菜

图 6-16　种植作物正负面清单

6.6.2 模式特点

1）信息维度广

本项目不同于国家层面统筹开展的耕地土壤环境质量类别划分，后者基于省级层面的宏观尺度，而本项目是聚焦在辖区重点流域小尺度下进行类别划分，可有效集成多源多维数据，包括污染源、水文地质、地形地貌、用地类型、种植制度等信息。通过多维度数据综合研判农用地污染发生机制并结合优化后的地统计算法，可得出更准确、更精细的类别划分成果。

2）数据精度高

本项目数据具有极高的精度和有效性，主要体现在以下几个方面。

①评价数据精度高。通过数据清洗最终获取了 2 034 个表层耕地和 173 个农作物协同监测数据，土壤监测网格密度达到了 100 m × 100 m。

②划分边界精度高。相较国家指南中要求的行政村边界、自然水系边界，本项目进一步精细化到了自然村边界、灌溉沟渠边界等。

③权属信息精度高。本项目具体到了农户级别，为后续安全利用措施实施提供了基础。

3）成果精准化

①划分方法更精准。本项目衔接国家指南的主要思路，高度集成区域污染发生机制和空间分布信息，综合研判不同统计学方法的适用性，以此为基础对地统计学方法进行了本地化探索和优化，使划分结果更科学、更准确。

②划分结论更精准。通过本项目划分后，严格管控类占耕地总面积比例减低20%，安全利用类占比提高16%，并且增加了4%优先保护类耕地。本项目通过精细化解析，可更精准地反映当地耕地的污染实际情况，为耕地的更安全、更充分、更合理利用提供有效支撑手段。

③措施建议更精准。本项目建议措施与当地农作情况相结合，基于流域内种植结构和常年主栽作物等情况，对镉、砷、铅、汞、铬五种不同污染物分别制定了农作物正负面清单，同时项目集成了农户级地块权属数据，对后续精准实施耕地安全利用措施具有重要指导作用。

4）技术规范化

项目结合国家指南和项目实践经验，形成了国内首个小尺度耕地土壤环境质量类别精细划分指南。明确了划分基本原则、主要步骤和技术要求，形成了规范化、易操作的划分方法。其他区域可参照该模式方法进行推广应用，有效降低了技术门槛。

6.6.3 模式成效

通过对土壤环境质量的分类划分，使个旧农用地分级分类管理有了重要抓手。一方面可以识别出优先保护区域，采取了坚决果断的措施加以保护；另一方面也为后续的风险管控奠定了基础。同时，还为云南省其他地区开展农用地分级分类管理提供了有益指导。

6.6.4 推广应用前景

通过该模式的建立，可以为个旧市农用地分级分类管理提供重要支撑，同时，依托本项目成果，对于个旧市乃至全国其他区域的耕地土壤环境质量类别精细划分具有重要的指导意义，具有较好的推广应用前景。

7

CHAPTER

个旧市先行区建设主要经验、工作成效与展望

7.1 主要经验

7.1.1 高位推动强保障

个旧市委、市政府在云南省委、省政府和红河哈尼族彝族自治州委、州政府的坚强领导下，在省、州生态环境主管部门的指导帮助下，坚决扛起土壤污染防治工作的政治责任，建立健全制度体系和保障体系，完善顶层设计和推进机制，把省级土壤污染综合防治先行区建设工作列入市委、市政府重要议事日程。对难点问题，主要领导亲自上阵、主动作为、科学决策；对重点工作，市级领导分区包保、挂图作战、责任到人，确保各项任务落地见效。

7.1.2 问题导向强推动

土壤污染防治工作任务艰巨、涉及面广，个旧市始终坚持问题导向，紧盯工作短板和薄弱环节，转变不利于土壤污染防治的认识，纠正不利于土壤污染防治的行为，摒弃不利于土壤污染防治的做法，厘清工作思路、工作方向、工作着力点，分类突破打攻坚战，集中力量打歼灭战，确保各项工作有序推进。

7.1.3 科学施策强治理

引入上海环科院、云南省环科院、昆明理工大学、南方科技大学等环保领域的科研院校，建立了环保科技合作工作站，充分发挥“产、学、研、用、创”优势，将土壤污染风险按照污染源、农用地、建设用地进行分类，分类施策采用不同的治理技术，可有效避免过度修复和过度治理或修复不够与治理不到位的问题。邀请科研院所和权威专家作为开展土壤污染防治的“专业智库”，对先行区建设模式、项目设计进行指导和技术把关，弥补了缺人、缺钱、缺技术的短板。

7.1.4 项目引领强投入

通过开展土壤污染综合防治先行区建设，整合资金与项目，将重点流域治理、重点水体治理等进行集中布局，集中力量办大事。积极争取到位国家、省、州土壤污染防治等方面的专项资金支持，同时通过银行贷款、发行债券等方式融资，实施重点试点示范项目 5 项，其他项目 18 项，较好地完成了土壤污染综合防治先行区建设目标任务。

7.1.5 示范带动强推广

个旧市立足区域自然环境条件、技术经济条件等，坚持以点带面、示范引领，在冶炼废渣风险管控、重度污染土壤种植结构调整、中轻度污染土壤修复、流域农用地质量划分、建设用地功能优化调整等方面先行先试，边建设、边总结；探索形成了以“原位风险管控”为核心的污染源管控模式，以“有条件利用”为核心的农用地安全利用模式及以“优化调整”为核心的建设用地开发利用功能优化调整模式等“3+3”种技术模式和 4 项技术规范；总结出了一条符合个旧市土壤环境污染特征，成本可控、技术可行、便于实施、易于推广的土壤污染防治新路子，实现了环境污染治理与经济持续发展相互促进，保护环境与改善民生互利共赢。

7.2 工作成效

个旧市通过深入推进土壤污染综合防治先行区建设，以砷、铅、镉等重（类）金属土壤污染防治为治理重点，克服喀斯特地貌特征影响，统筹气、水、固体废物、土全领域综合治理，土壤污染综合防治先行区建设取得了积极成效。

7.2.1 治理思路发生革命性变革

个旧市委、市政府高度重视先行区建设工作，坚持精准治污、科学治污、依法治污，按照治污项目化、项目产业化、产业绿色化的要求，构建多部门共治、共享的格局，激励和吸引社会投入，推行市场化运作、科学化治理的模式，用足、用好云南省土壤污染综合防治先行区建设这一政策加持，推动治理思路革命性变革。

7.2.2 土壤污染防治意识牢固树立

坚决把思想和行动统一到中央、省、州关于土壤污染防治的决策部署上，站在讲政治的高度，切实扛起土壤污染防治的政治责任。把先行区建设摆在全局工作的突出位置，紧盯目标任务，主动作为、勇于担当、敢于碰硬。正确处理经济发展和土壤环境保护的关系，树立正确的政绩观，杜绝片面追求经济增长和短期政绩，将先行区建设工作抓紧、抓实、抓好。

7.2.3 土壤污染防治制度体系初步形成

探索形成了以贯彻落实《土壤污染防治法》、“土十条”为核心，以农用地和建设用地土壤污染风险管控为主线，以冶炼废渣污染防治为重点的土壤污染防治制度体系，使先行区建设工作有法可依、有据可靠、有章可循。

7.2.4 土壤污染防治规划设计更加系统、科学

科学分析先行区建设取得的经验，精准查找土壤污染风险管控、治理与修复等工作存在的短板，以进一步强化土壤污染风险管控为核心，开展土壤高背景值调查，加强土壤污染成因分析，不断完善先行区土壤环境污染防治制度，持续围绕农用地和建设用地安全利用发力，着力探索智慧治土新模式，构建了涵盖调查、评估、管控、修复全过程的土壤污染防治项目库，为探索土壤环境修复新模式，促进土地资源增值打好基础。

7.2.5 重点重金属减排任务超额完成

累计关停淘汰粗铅冶炼鼓风炉 58 座，重金属削减率达到 17.4%，超过下达的“十三五”重点重金属削减目标任务 2.44 个百分点，占全省净削减量的 42.1%，为全省重点重金属减排工作做出了“个旧贡献”。

7.2.6 农用地和建设用地风险管控取得突破

个旧市通过实施农田土壤污染治理修复技术应用试点项目，耕地土壤环境质量类别划定试点项目，建设用地开发利用功能优化调整项目，关停选矿企业污染地块生态恢复示范工程等工程项目；形成了建设用地开发利用功能优化调整、关停选矿

企业污染场地生态恢复、“低累积植物筛选种植 + 钝化调理”、受污染耕地安全利用模式、耕地质量精细划分试点模式，极大地促进了受污染耕地安全利用率＞80%、污染地块安全利用率＞90% 两项指标的实现。

7.2.7 经验模式推广应用成效显著

通过先行区建设，个旧市在试点示范项目实施的基础上，认真总结关键技术、工程措施、管理经验等，共探索形成了 4 种技术、5 种经验、6 种模式。以冶炼废渣原位风险管控模式为例，不仅使个旧市 2 700 万 t 历史遗留冶炼废渣环境风险得到了有效管控，同时，也为云南其他地区固废堆存场所整治提供了示范，带动效应明显。

通过先行区建设，个旧市土壤环境风险得到管控，土壤环境质量污染趋势得到遏制，土壤环境监管能力显著提升，局部土壤环境质量逐步改善，受污染耕地安全利用率（利用率＞80%）及污染地块安全利用率（利用率＞90%）两项指标均圆满实现。

7.3 难题与短板

在深入推进先行区建设的同时，也面临诸多困难。一是全国土壤污染防治工作整体起步较晚，土壤污染防治工作存在修复治理技术不成熟的情况。因此，还需通过对不同区域、不同污染类型的修复治理项目持续进行探索研究和经验总结。二是土壤污染具有隐蔽性、累积性、难治理性等特点。针对不同污染物和治理需求，可采取生物治理、化学治理、物理治理或多种技术相结合的技术路线，在实施过程中，需要经过初查、详查、风险评估、方案审核等多环节、多层次的论证后才能具体实施，致使土壤污染防治类项目实施周期较长。三是资金压力大。土壤污染治理项目，资金需求量大、治理周期长、投资回报小，单靠财政投入远远不够，对社会资本的吸引力不强，单靠地方政府财政投入杯水车薪、压力巨大。

个旧市省级土壤污染综合防治先行区建设工作虽然取得了初步成效，但也存在以下短板。一是土壤环境污染防治制度体系建设仍待进一步完善，巩固先行区建设成效，让先行区建设在制度下推进，有章可循，有据可依。二是先行区建设依然存在短板，如智慧环保、涉重片区污染综合防控、尾矿库治理、未开发利用建设用地风险管控、地下水污染溯源及防治、企业整体水环境防控等方面项目储备尚待加强。三是仍需进一步强化宣传教育引导，营造全民参与土壤污染防治的良好氛围，提高全民环保意识，自觉参与生态文明建设。

7.4 未来展望

个旧市将继续以习近平生态文明思想为指引，持续深入推进土壤污染防治先行区建设，以更加坚定的信心和决心，持之以恒地抓好土壤污染防治工作，坚定不移地走生态优先、绿色发展之路，努力实现土壤资源的永续利用。

（1）补齐先行区建设短板，巩固并提升先行区建设成效。进一步完善先行区土壤环境污染防治制度，探索智慧治土新模式，强化土壤、地下水及尾矿库污染风险管控，持续推动先行区已形成的模式应用，建设起完善的先行区防治体系，补齐先行区建设短板。

（2）强化“十四五”规划落实，持续推进先行区建设。以“十四五”土壤污染治理与修复规划为指导，以重点项目为抓手，加快基础设施建设，加大污染防治项目实施力度，提升基础设施与环境的协调性，进一步改善土壤环境质量。

（3）强化宣传引导，形成全民参与的良好环境。广泛开展多层次、多形式的先行区建设宣传教育，宣传土壤保护理论知识与实践成果，并借助新闻媒体，适时对污染土壤的行为进行曝光，不断提高人民群众的生态意识，增强生态文化和生态法治理念，调动社会各界和人民群众投身土壤污染防治先行区建设的积极性、主动性和创造性，营造全社会关心、支持和参与先行区建设的良好氛围。

附　录

附录 1 个旧市省级土壤污染综合防治先行区建设方案

个旧市省级土壤污染综合防治先行区
建设方案

一、概述

个旧市位于云南省东南部，是以工业为主的资源型冶金工矿城市，同时，也是云南省重要的有色金属工业基地。多年的采矿和冶炼生产给周边地区的生态环境带来了严重污染，造成局部土壤环境问题突出，影响了居民身体健康，阻碍了经济社会的可持续发展。

为落实《中华人民共和国土壤污染防治法》《土壤污染防治行动计划》《云南省土壤污染防治工作方案》《云南省土壤污染防治目标责任书》等要求，个旧市高度重视，结合自身实际情况，编报了《个旧市省级土壤污染综合防治先行区方案》（以下简称《方案》），明确了先行区建设的方向、重点任务、目标指标，积极申报省级土壤污染防治先行区，请求云南省生态环境厅给予政策、技术和资金上的支持。一旦获批，个旧市将积极组织全市各部门参与先行区建设，全面探索先行区建设模式。

本方案从建设用地开发利用联动监管、受污染耕地安全利用、废渣堆场风险管控、土壤环境管理体系和能力建设等方面，依托试点、示范项目，探索总结典型土壤污染问题治理、修复及管理方面先进经验与模式，为全省乃至全国探索先行示范经验。

二、建设意义与必要性

（一）贯彻落实“土十条”要求，促进生态文明建设的契机

为积极贯彻《云南省人民政府关于印发云南省土壤污染防治工作方案的通知》（云政发〔2017〕8 号）及《云南省土壤污染治理与修复规划》（云污防土〔2017〕

16号）关于土壤综合防治先行区建设要求，个旧市结合自身基础，勇于创新，决定探索建立土壤污染防治先行区。先行区建设既是有效改善个旧市生态环境的一个契机，同时，也可以通过先行区建设，促进多渠道资金融入和引入先进污染治理技术、提升管理能力、深入解决个旧市土壤污染典型问题，是贯彻落实国家及云南省“土十条”重要抓手。因此，先行区的建设不仅具有很好的政策符合性，同时，也是一件功在当代、利在千秋的大好事。

（二）防控区域土壤污染风险，促进区域经济可持续发展

个旧市是以生产锡为主并生产铅、锌、铜等多种有色金属的冶金工业城市，是中国最大的产锡基地，同时，也是世界上最早的产锡基地。长期以来的矿冶活动，造成了区域环境污染，特别是土壤重金属污染问题较为突出。具体表现在以下几个方面。

1）农用地污染问题突出，潜在环境风险较大

经相关资料分析表明，个旧市辖区内农用地存在多金属复合污染问题，超标重（类）金属元素有Cd、Zn、Pb及类金属As等，其中以Cd超标率最高，As超标率位居其次，且污染程度多以重度、中重度为主。另外，部分区域流域的农产品出现严重超标的情况，如倘甸双河流域农产品超标较为普遍，涉及蔬菜及粮食等多种农产品，潜在健康风险问题十分凸显。个旧区域土壤重金属污染问题与全省其他区域如会泽、东川、兰坪等有色金属冶炼区周边土壤污染情况都具有显著的相似性，污染风险亟待得到有效控制。

2）建设用地及工矿企业用地污染底数不清，安全利用困难重重

个旧市关停、搬迁遗留场地数量较多、污染情况复杂，现有调查表明，辖区内鼓风炉炼铅场地就多达40多个，关停的选矿企业场地近50个，随着南北选矿建设及选矿企业污染治理工作的推进，还将有大量的关停搬迁场地产生。另外，个旧地区还有诸多企业或尾矿库被列入省级重点行业企业名单，亟待开展调查与风险分类管控。就污染场地及重点行业企业数量而言都位于全省前列，其与之带来的污染问题也十分突出，风险防控任务繁重、监管压力巨大。随着某新区开发建设，某片区有色金属选、冶活动造成的污染问题严重制约了区域土地收储、规划利用，限制了某新区建设工作的实施与区域经济的发展。而种种类似污染场地、建设用地等问题在全省其他典型有色金属采选冶聚集区比比皆是，安全利用与修复治理需求迫切。

3）采选冶废渣存量体量巨大，废渣堆场污染问题突出

据统计，个旧市总计 47 座尾矿库；全市各冶炼片区周边累积散乱无序堆存冶炼废渣较多，且几乎未进行安全处置。调查表明，冶炼废渣中重（类）金属极易通过淋溶释放到周边环境，现有废渣堆场周边等均已经发现了明显的重（类）金属污染，如砷、镉重（类）金属超标情况。废渣（尾矿）堆 / 库已经成为区域内潜在重大污染源头之一，而相关废渣堆场污染问题在全省更是极为普遍，污染问题亟须得到有效管控。

4）土壤环境监管能力体系尚未建立，难以收到良好成效

现行的管理体制中，土地的管理与保护涉及多个职能部门，无法形成有效的合力，难以充分发挥管理成效。同时因管理方面的制约，相关信息难以共享，造成了很多的重复与浪费。区域性土壤联动机制及管理规范等基本缺失，难以做到合理有据监管、执法。因此，卓有成效的地方性土壤环境管理规范、管理办法、区域标准等亟须创新出台，以弥补管理上的不足。

通过探索建设先行区，势必会在上述相关方面启动一系列的试点示范及创新，虽不能完全改变区域状况，但随着该项工作的推进，对保护土地资源、改善土壤与水环境质量、保障区域农产品健康及人居环境安全、宣传生态文明理念等具有重要意义，并引导个旧市转型发展与经济实现可持续发展具有重要支撑作用。

（三）引领推动省内土壤污染综合防治工作

通过对个旧市建设土壤污染综合防治先行区的探索，在建设用地与农用地安全利用、废渣堆场风险管控、土壤环境管理能力体系建设等方面势必从科技支撑、监管能力、资金投入与宣传教育等方面实现实践与创新，可以摸索出一套适合云南省典型重金属污染区域土壤污染综合防治的制度政策、经验模式与技术模式，对于红河州乃至全省其他区域典型重金属污染区土壤修复治理势必起到很好的引领与推动作用，具有良好的示范效益及引导效益。

三、指导思想

认真学习贯彻党的十八大及十九大精神，《土壤污染防治法》和“土十条”的相关要求，以先行区建设为契机，以建设用地与农用地安全利用、废渣堆场风险管控、土壤环境管理体系及能力建设等方面为切入点，试点或示范探索相关治理经验与模式，为个旧市乃至全省其他类似土壤污染问题的有效解决提供经验与技术支撑。

四、基本原则

问题导向，重点突破。土壤环境管理任务量大，涉及面广，个旧市土壤重金属污染问题历史欠账较多，应以个旧市具有典型代表性农用地安全利用、建设用地联动监管、废渣堆场风险管控等突出问题为重点，集中有效资源打攻坚战，争取在上述方面有所突破，形成经验模式。

典型引路，示范先行。牢记先行区“引路、示范”的目标，鼓励引进和开发污染治理先进技术，开展优势技术试点、示范，创造性地构建完善的管理与制度体系。坚持以点带面、示范引领，边建设、边总结，逐步将成熟的经验和模式向其他地区推广。

落实责任，联合联动。明确各级政府、各职能部门土壤污染防治主体责任，强化责任考核；建立部门、区域之间联合防治与协作联动机制及奖惩机制，构建多元共治、齐抓共管、全民参与的土壤环境治理新局面。

五、建设范围

先行区范围：个旧市全市。

重点区范围：沙甸区、鸡街镇、大屯镇以及卡房镇四个行政区域。

六、项目实施年限

项目实施年限为 2.5 年，即从 2018 年 8 月至 2020 年 12 月。

七、目标指标

1. 总体目标

到 2020 年，依托试点、示范项目，探索总结典型土壤污染问题治理、修复及管理方面先进经验与模式，为个旧市土壤污染防治提供指导，促进受污染耕地安全利用率（利用率＞80%）及污染地块安全利用率（利用率＞90%）两项指标的实现。

2. 考核指标

通过先行区的建设，实施完成 5 项重点示范项目，制定地方标准（规范）或管理办法 3 项，建立 3 种修复治理模式，形成完善的土壤污染防治项目库。

（1）重点示范项目：

某新区建设用地开发利用功能优化调整项目

关停选矿企业污染地块生态恢复示范工程

某耕地土壤环境质量类别划定试点项目

某土壤污染修复示范项目

某冶炼废渣堆场原位风险防控示范工程

（2）地方标准（规范）或管理办法：

①个旧市冶炼废渣管理办法（暂行）

②先行区土壤污染综合防治工作考核（试行）办法

③个旧市土壤污染治理与修复规划

（3）修复治理模式：

冶炼废渣原位风险管控模式

建设用地开发利用功能优化调整模式

受污染耕地安全利用模式

（4）项目库建设：

个旧市土壤污染防治项目库。

八、主要任务

（一）开展污染地块开发利用联动监管模式探索

探索某新区建设用地开发利用功能优化调整模式。某新区是个旧城市建设发展的重点区域，新城用地规划功能显得尤为重要和迫切。但整个新区的土壤环境质量情况不清楚，尤其是周边工矿企业遗留场地土壤重金属污染问题尚不清晰，势必影响新区建设用地规划。为保障建设用地安全，根据《关于加强污染地块开发利用联动监管的通知》（云环通〔2018〕187 号）、《污染地块土壤环境管理办法（试行）》（中华人民共和国环境保护部令　第 42 号）等要求，以某新区为试点，全面开展新区建设用地土壤调查与评估，并从环境安全及人居健康安全的角度为新区建设规划优化调整提供支持和指导。（市环境保护局牵头，市城乡规划局、市国土局等配合。）

建立关停选矿企业污染地块生态恢复示范模式。个旧市是云南省重要的锡矿采选区，选矿企业数量众多。随着选矿企业的综合整治，遗留下大量的选矿污染场地，而这些场地因长期从事选矿生产活动，对场地造成了一定的污染。鉴于污染特点相似、修复治理费用限制等因素，亟须探索建立一套高效、经济的调查与修复治理模式，总结经验以指导其他场地的修复治理。鉴于辖区遗留下的关停选矿企业场地，这些场地中大多还遗留有尾矿、选矿设施等，成为区域内重要的潜在的污染源，同时因关停已久，很多场地具备实施治理条件，因此，拟选取1～2块典型场地开展实施关停选矿企业场地综合治理，从实施过程、验收规程等方面进行总结，探索建立个旧市关停选矿企业污染地块生态恢复模式，为全市其他场地治理提供指导。（市环境保护局牵头，市财政局、市工业商务和信息化局、市国土资源局等配合，有关镇、区人民政府负责落实。）

强化暂不开发利用污染地块环境风险管控。以某新区为试点，对于某新区内暂不开发利用或现阶段不具备修复治理条件的污染地块，由环保局会同国土局等制订污染地块风险管控计划，督促相关责任单位编制污染地块环境风险管控方案并实施。（市环境保护局牵头、市城乡规划局、市自然资源局等配合。）

（二）探索实施受污染耕地安全利用试点示范

开展重点流域耕地土壤环境质量类别划定试点工作。依托流域耕地土壤环境质量调查数据，结合《土壤环境质量　农用地土壤污染风险管控标准（试行）》要求，按《农用地土壤环境质量类别划分技术指南（试行）》，对流域耕地类别进行划分，摸索总结耕地类别划分的工作程序、现场实施与管理等相关经验，总结形成耕地类别划分的成果材料，为全市、全州乃至全省耕地类别划分摸索经验，总结不足，形成专项模式，推广应用。（市农业和科学技术局全面统筹，市国土资源局配合，市环境保护局技术支持，有关镇、区政府落实。）

开展受污染耕地安全利用试点示范。积极推进重点流域开展中轻度土壤修复治理，受污染耕地安全利用及重度污染土壤种植结构调整试点示范，加强治理效果评估，形成多套易推广、成本低、效果好的治理修复技术，总结修复技术、种植结构调整等操作经验，探索建立耕地安全利用模式及耕地风险管控模式，促进全市受污染耕地完成治理与修复。（市农业和科学技术局、市环境保护局牵头，市财政局等配合，各镇、区人民政府负责落实。）

（三）探索实施冶炼废渣堆场原位风险管控模式

调查表明，个旧市总计有冶炼废渣堆场75个。这些废渣堆场长期露天存在，自然风化、雨水冲刷造成渗滤液重金属含量极高且迁移扩散能力较强，是区域土壤及水体的重大污染源，环境风险较大。目前，对这种大宗工业废渣现有治理技术的经济性、可操作性都存在明显的不足或缺陷，而现阶段风险防控需求较为迫切。因此，《方案》提出了开展实施冶炼废渣堆场原位风险管控技术示范，探索建立原位风险管控模式，快速高效地解决区域冶炼废渣堆场污染问题。

冶炼废渣堆场原位风险管控模式是基于目前现有废渣治理技术体系而提出的新型废渣风险管控技术理念。该技术较传统治理技术存在实施期短、投资效益比高、可操作性强等特点。但目前原位风险管控技术体系尚未形成，推广应用受到很多局限，因此《方案》拟通过在个旧地区筛选 1～2 堆基础条件较好的废渣堆场示范性开展实施冶炼废渣堆场原位风险防控示范工程，完善冶炼废渣堆场原位风险防控管理与技术体系，实现废渣堆风险源的风险防控，减少和控制土壤污染面的继续扩大。同时编制完成冶炼废渣堆场原位风险管控技术规范，指导其他适合的废渣堆场风险防控。（市环境保护局牵头，市财政局、市国土资源局等配合，有关镇、区人民政府负责落实。）

（四）创新土壤环境管理体系

制定并实施个旧市工业固体废物管理办法。按照《土壤污染防治法》、“土十条”、《云南省土壤污染防治工作方案》及先行区建设等要求，从个旧市实际出发，2019 年底前出台《个旧市冶炼废渣管理办法（暂行）》，明确各类废渣的管理要求，监管职责，规范废渣堆存，规范污染防治，严格法律责任。在管理办法基础上完善或出台其他工业固体废物管理办法或细则，使个旧市工业固体废物污染防治有法可依、有规可循。（市环境保护局牵头，市法制局配合。）

制定并实施先行区土壤污染综合防治工作考核（试行）办法。结合云南省土壤污染综合防治工作考核办法与要求，根据先行区建设特点，组织制定并出台个旧市省级土壤污染防治先行区土壤污染综合防治工作考核（试行）办法。综合考虑先行区建设推进成效、区域环境质量改善、省级考核达标程度等方面，实施奖惩并举的考核机制，全面考核有关责任区政府及相关部门和主要领导，促进先行区建设工作有序推进。（市环境保护局、市农业局牵头，市法制局配合。）

创建土壤污染防治领域的区域性合作模式。以土壤污染综合防治先行区建设为契机，进一步巩固和加强滇沪合作、滇台合作，进一步加强与其他科研院所的合作与交流，探索土壤污染防治领域合作方在人才、技术及资金等方面对云南省的支持与参与模式，总结形成经验。在共同推进先行区建设工作的同时，促进区域性合作土壤污染防治项目的实施，获取更高的环境效益，培养锻炼本土化的人才队伍，长期高效地促进云南省环保事业的发展。（市环境保护局牵头，市国土资源局、市农业和科学技术局配合。）

建立市级层面的土壤污染防治部门协调、联动机制。以先行区建设为契机，强化有关职能部门的协调与联动，强化领导团队、管理团队在土壤污染防治与管理方面的锻炼，积累相关经验，总结形成操作性较强的联动管理细则，详细划分管理职能，建立起长效联动管理机构，并配备好人员与相关物资，从根本上保障先行区高效、高质量地完成建设目标。（市环境保护局、市农业局、市国土资源局等牵头、市发展和改革局、市财政局等配合。）

强化土壤修复规划引导，建立完善的土壤污染防治项目库。结合个旧市土壤污染防治实际情况，编制土壤污染修复治理规划，并突出规划引导作用，围绕土壤污染状况调查评估、土壤污染风险管控、污染土壤（农用地 / 污染地块）治理与修复、治理与修复试点示范、土壤环境监管能力建设五大类型组织筹建个旧市土壤污染防治项目储备库，促进全市土壤污染防治项目管理科学化、规范化和精细化，不断提高土壤污染防治项目管理水平。同时强化项目库的动态管理，切实做到围绕土壤目标，结合省级及中央土壤污染防治专项资金管理的要求，按照轻重缓急、社会影响等方面择优遴选，成熟一项、列入一项、推荐一项，合理排序，争取列入省级项目储备库，争取更多中央及省级专项资金支持。（市环境保护局、市农业和科学技术局牵头，市国土资源局、市发展和改革局、市财政局配合。）

（五）完善土壤环境监管能力建设

根据先行区建设需要，补充配置相应的土壤环境监测设施设备，全面完善和提升全市的土壤环境监测能力，为先行区建设提供监测方面的强有力支撑。强化土壤环境监管人才队伍培养和锻炼，全面提升监管团队的理论水平和管理能力，为先行区建设保驾护航。（市环境保护局、市农业和科学技术局牵头，市财政局等配合。）

九、保障措施

（一）加强组织领导，严格落实责任

个旧市委、市政府作为先行区建设的责任主体，组织成立由各镇（区）人民政府及各有关单位主要领导为成员的先行区建设工作领导小组，负责统一部署、指导、协调落实先行区工作。领导小组下设先行区建设办公室，负责日常工作组织协调。充分发挥土壤污染综合防治工作联席会议作用，按照职责分工，加强协作，形成合力，确保先行区建设工作有序推进。建立区域土壤污染综合防治长效机制，配备必要的专职人员，跟踪落实先行区建设方案内容。

（二）落实任务分解，强化跟踪管理

个旧市政府应根据先行区建设要求，细化任务分解，合理确定年度目标、任务、重点项目实施进度，各有关部门要根据职能分工，进一步细化落实到具体职能部门，做到专人负责，专项管理，专项推进，保障任务落实。先行区办公室按季度编制先行区建设工作简报，报送市委、市政府及省生态环境厅，自觉接受监督检查。市人民政府对各部门责任范围内的工作开展情况进行跟踪督查，确保实施进度。

（三）加大投入力度，做好项目储备

市级财政要强化先行区建设工作经费保障，确保先行区建设工作正常开展。同时，市政府要做好先行区的请示汇报工作，积极争取中央、省级、州级资金专项支持，持续保障先行区建设中预期环境效益好、前期工作充分、能够及时开工建设的项目的实施。积极创新完善土壤污染防治投融资机制，引导和鼓励社会资本参与先行区建设。积极推进《土壤污染防治规划》及《先行区建设方案》的引领作用，建立完善的土壤污染防治项目库，并强化项目库的动态管理。同时做好项目前期工作，争取国家及省环保专项资金等财政资金支持。

（四）强化监管，严格评估考核

由市委、市政府组织，采取专项督查、专项检查等方式加大对先行区建设工作的督查力度，加强任务落实情况检查，及时跟踪问效，确保建设任务全面、有序、按时推进。严格按照先行区考核办法对先行区工作情况进行评估或考核。新增或加大土壤环境保护在各级领导班子、领导干部考核指标体系中的考核权重，考核结果作为领导干部评先评优、提拔任用的重要依据。持续开展先行区土壤环境质量考核，考核结果与土壤污染防治专项资金等财政资金分配挂钩。

（五）加强宣传教育，强化科技保障

加大对土壤环境风险管理、重金属污染应急处置等法律法规的宣传教育力度，着力提升全社会土壤污染防治意识，鼓励公众参与和社会监督。根据先行区建设及示范技术试点情况，及时总结建设用地、农用地、工矿用地、废渣堆场等风险管控、治理与修复等成熟经验模式。强化科技保障，重点开展土壤修复技术、废渣堆场风险管控技术等研发、评估验证与工程示范项目，培养和锻炼本土化的土壤污染综合防治技术团队及专家服务团队，持续、高效地支持先行区土壤的污染防治工作。

附录 2　个旧市先行区土壤污染综合防治工作考核办法（试行）（整体考核）

个旧市先行区土壤污染综合防治工作考核办法（试行）（整体考核）

一、考核方式

（一）考核对象

1. 由个旧市生态环境保护委员会（以下简称环委会）组成考核小组，对土壤污染防治工作进行考核。

2. 考核对象为个旧市土壤污染防治工作涉及的相关部门，包括各乡镇（街道）人民政府［以下简称乡镇（街道）政府］、红河哈尼族彝族自治州生态环境局个旧分局（以下简称州生态环境局个旧分局）、农业农村局、自然资源局、工业商务和信息化局（以下简称工信局）、财政局等。

（二）考核内容

1. 考核内容分为个旧市省级土壤污染综合防治先行区建设工作的指标和重点项目完成情况。

2. 考核满分 100 分，评分 90 分（含）以上为优秀，认为土壤污染防治工作达到预期；80 分（含）至 90 分为良好，认为土壤污染防治工作基本符合预期；60 分（含）至 80 分为合格，认为土壤污染防治工作滞后；60 分以下为不合格，认为土壤污染防治工作未得到有效开展。

3. 其中，任一项目得分率（项目得分 / 项目分值）<60% 时，认为该项目考评不合格。

二、考核步骤

（一）按照《中华人民共和国土壤污染防治法》《土壤污染防治行动计划》等相

关土壤管理文件和《个旧市省级土壤污染综合防治先行区方案》要求，考核对象针对考核内容开展自查，分别形成自查报告，并报送考核小组。

（二）考核小组在收到自查报告30个工作日内，对报告进行审查，形成考核报告，报送市政府。评分细则见附件（略）。

（三）市政府收到考核报告30个工作日内作出批复并提出下一步工作意见。

三、考核保障制度

（一）评估考核结果经市政府批复后，由考核小组向各部门通报。考核结果纳入各部门领导班子和领导干部绩效考核，并作为综合评价的重要依据。

（二）考核小组对考评不合格项目的牵头部门提出限期整改意见。必要时由市政府领导同志约谈项目牵头部门主要负责人。

（三）在开展土壤污染防治工作考核中，发现失职渎职、弄虚作假的，依法依纪追究有关单位和人员责任：视情节轻重，予以诫勉、责令公开道歉、组织处理或党纪政纪处分；对构成犯罪的，要依法追究刑事责任；已经调离、提拔或者退休的，按照有关规定，终身追究责任。

附录3　个旧市先行区土壤污染综合防治工作考核办法（试行）（部门考核）

个旧市先行区土壤污染综合防治工作考核办法（试行）（部门考核）

一、考核方式

（一）考核对象

1. 由个旧市生态环境保护委员会（以下简称环委会）组成考核小组，每年对土壤污染防治工作进行一次考核。

2. 考核对象为个旧市土壤污染防治工作涉及的相关部门，包括各乡镇（街道）人民政府［以下简称乡镇（街道）政府］、红河哈尼族彝族自治州生态环境局个旧分局（以下简称州生态环境局个旧分局）、农业农村局、自然资源局、工信局、林业局、财政局、发展和改革局等。

（二）考核内容

1. 考核内容分为各职能部门土壤污染防治工作落实情况。

2. 考核满分为100分，满分不足100分的部门，按实际得分乘以100分除以实际满分进行折算。评分低于70分认为该部门土壤污染防治工作不合格。

二、考核步骤

（一）按照《中华人民共和国土壤污染防治法》和《土壤污染防治行动计划》等相关土壤管理文件要求，考核对象针对考核内容开展自查，分别形成自查报告，并报送考核小组。

（二）考核小组在收到自查报告30个工作日内，对报告进行审查，形成考核报告，报送市政府。评分细则见附件（略）。

（三）市政府收到考核报告30个工作日内作出批复并提出下一步工作意见。

三、考核保障制度

（一）评估考核结果经市政府批复后，由考核小组向各部门通报。考核结果纳入各部门领导班子和领导干部绩效考核，并作为综合评价的重要依据。

（二）考核小组对考评不合格的部门进行通报，必要时由市政府领导同志约谈部门主要负责人。

（三）在开展土壤污染防治工作考核中，发现失职渎职、弄虚作假的，依法依纪追究有关单位和人员责任：视情节轻重，予以诫勉、责令公开道歉、组织处理或党纪政纪处分；对构成犯罪的，要依法追究刑事责任；已经调离、提拔或者退休的，按照有关规定，终身追究责任。

附录 4　个旧市农用地土壤环境监测制度（试行）

个旧市农用地土壤环境监测制度（试行）

一、部门职责

（一）农业农村局会同州生态环境局个旧分局、林业局和自然资源局对农用地土壤环境监测相关工作负责。

（二）农业农村局统筹组织农用地土壤环境监测工作的开展，汇总审核监测结果，建立个旧市农用地土壤环境监测样品库，编制监测报告。

（三）州生态环境局个旧分局和林业局配合农业农村局做好点位布设和监测工作。

（四）自然资源局负责核准农用地范围，与国土空间规划衔接，配合农业农村主管部门做好农用地土壤环境监测工作。

（五）由农业农村局委托有资质的监测机构组织开展农用地土壤环境监测样品采集、分析等工作。

二、监测网络

（一）依托现有国控、省控、个旧市生态环境监测网络等监测点位，新增监测薄弱区域农用地监测点，构建农用地小尺度精细化划分监测网络，实现个旧市农用地土壤环境监测全覆盖。监测点位重点布设在土壤污染风险较大的耕地区域。

1. 产出的农产品污染物含量超标的；

2. 作为或者曾作为污水灌溉区的；

3. 用于或者曾用于规模化养殖，固体废物堆放、填埋的；

4. 曾作为工矿用地或者发生过重大、特大污染事故的；

5. 有毒有害物质生产、贮存、利用、处置设施周边的。

（二）每年对农用地及周边土壤、农产品、灌溉水、大气沉降物、地下水和农业投入品开展一次例行监测。

1. 点位布设时重点关注土壤污染风险较大的耕地区域；

2. 农产品协同监测点位与对应耕地土壤点位保持一致；

3. 灌溉水监测以污染源周边及其流域作为重点监测对象；

4. 大气沉降物监测以涉重企业和矿山开采区域为重点监测对象；

5. 当土壤监测中发现存在易迁移的污染物超标现象，增加地下水作为监测对象；

6. 农业投入品以个旧市常用化肥为重点监测对象。

（三）监测项目包括镉、汞、砷、铅、铬、铜、镍和锌等 GB 15618 规定的基本项目，周边存在污染源的应补充检测特征污染物。土壤样品补充检测 pH、有机质、机械组成和阳离子交换量等理化指标。

（四）样品采集、制备与分析等优先参照国家和行业最新标准。

1. 土壤样品采集、制备与分析等参照 HJ/T 166、NY/T 395 和《农用地土壤样品采集流转制备和保存技术规定》等相关规定；

2. 农产品样品采集、制备与分析等参照 NY/T 398、《农产品样品采集流转制备和保存技术规定》等相关规定；

3. 灌溉水样品的采集、制备与分析参照 NY/T 396 等相关规定；

4. 大气沉降物样品的采集、制备与分析参照 HJ 664 等相关规定；

5. 监测井建设和地下水采样、制备与分析具体要求参照 HJ 164 等相关规定；

6. 农业投入品样品的采集、制备与分析参考 GB/T 6679、GB/T 6680、GB 18877、NY 525、NY 884、NY 1110 等相关规定。

（五）质量评价优先参照国家和行业最新标准。

1. 土壤样品质量评价参照 GB 15618 等相关规定；

2. 农产品样品质量评价参照 GB 2762 等相关规定；

3. 灌溉水样品质量评价参照 GB 5084 等相关规定；

4. 大气沉降物样品质量评价参照 GB 3095 等相关规定；

5. 地下水样品质量评价参照 GB/T 14848 等相关规定；

6. 农业投入品样品质量评价参照 GB/T 23349 等相关规定。

（六）监测结果表明有土壤污染风险的农用地，农业农村局、林业局应当会同州生态环境局个旧分局、自然资源局进行土壤污染状况调查。

（七）农业农村局会同州生态环境局个旧分局推进建设农用地土壤环境基础数据库，相关监测信息上传农用地环境信息系统。

三、监督管理

（一）农业农村局会同州生态环境局个旧分局做好点位布设、样品采集、制备、保存、分析测试、数据分析与评价等全过程的质量保证与质量控制工作。

（二）受委托的监测机构在进行农用地土壤环境监测过程中，不负责任或者弄虚作假的，由农业农村局和州生态环境局个旧分局将该机构失信情况记入其环境信用记录，并通过企业信用信息系统向社会公开。

（三）突发环境事件可能造成农用地土壤污染的，农业农村局要及时会同州生态环境局个旧分局对可能受到污染的农用地进行监测，并根据监测结果及时向市政府提出应急处置建议。

（四）农业农村局会同州生态环境局个旧分局、林业局等根据《中华人民共和国土壤污染防治法》《农用地土壤环境管理办法（试行）》《农产品产地安全管理办法》等规定对监测点位进行长期有效的管理。

附录 5 个旧市农用地土壤风险管控制度（试行）

个旧市农用地土壤风险管控制度（试行）

一、农用地土壤污染风险管控工作原则

为深入贯彻落实《中华人民共和国土壤污染防治法》《中华人民共和国农产品质量安全法》《土壤污染防治行动计划》，进一步加强农用地土壤风险管控，根据《农用地土壤环境管理办法》，制定本制度。

（一）适用范围

本制度适用于个旧市农用地土壤风险管控工作。

（二）职责分工

1. 个旧市政府负责对农用地土壤风险管控进行统筹安排，指导各相关部门分工开展具体工作。

2. 农业农村局负责农用地土壤安全利用和严格管控等工作的组织实施。

3. 州生态环境局个旧分局和林业局配合农业农村局做好农用地土壤风险管控工作。

4. 自然资源局负责核准农用地范围，与国土空间规划衔接，配合农业农村局做好农用地土壤风险管控。

二、风险管控

（一）农业农村局会同州生态环境局个旧分局配合省级和州级主管部门做好农用地土壤环境质量类别划分工作，根据试点经验推广应用耕地精细化划分。对优先保护类、安全利用类和严格管控类农用地，采取不同的风险管控措施，实现农用地小尺度精细化管理。

（二）未利用地、复垦土地等拟开垦为耕地的，农业农村局会同州生态环境局个旧分局、自然资源局进行土壤污染状况调查，依法进行分类管理。

（三）市政府依法将符合条件的优先保护类耕地划为永久基本农田，实行严格保护。在永久基本农田集中区域，不得新建可能造成土壤污染的建设项目；已经建成的，应当限期关闭拆除。

（四）对安全利用类和严格管控类农用地地块，农业农村局和林业局要结合已有经验成果，制定并实施安全利用方案。具体方案包括下列内容：

1. 提出划定特定农产品禁止生产区域的建议，报市政府批准后实施；

2. 农业农村局定期发布个旧市耕地种植正、负面清单。

3. 低累积牧草种植等农艺调控措施，“粮改饲”等替代种植措施；

4. 定期开展土壤和农产品协同监测与评价；

5. 对农民、农民专业合作社及其他农业生产经营主体进行技术指导和培训；

6. 按照规定开展土壤和农产品协同监测与评价；

7. 其他风险管控措施。

（五）安全利用类和严格管控类农用地地块的土壤污染影响或者可能影响地下水、饮用水水源安全的，州生态环境局个旧分局会同农业农村局、林业局等制定防治污染的方案，并采取相应的措施。

（六）对于安全利用类和严格管控类农用地，土壤污染责任人应当按照国家有关规定以及土壤污染风险评估报告的要求，采取相应的风险管控措施，并定期向农业农村局、林业局报告。

（七）风险管控活动完成后，土壤污染责任人应当委托独立第三方单位对风险管控效果进行评估，并将效果评估报告报农业农村局、林业局等备案。

（八）农村集体经济组织及其成员、农民专业合作社及其他农业生产经营主体等负有协助实施土壤污染风险管控的义务。

1. 土壤污染责任人无法认定的，土地使用权人应当实施土壤污染风险管控和修复。

2. 市政府、农业农村局可以根据实际情况组织实施土壤污染风险管控和修复。

3. 鼓励和支持有关当事人自愿实施土壤污染风险管控和修复。

（九）实施风险管控活动前，农业农村局有权根据实际情况，要求土壤污染责任人、土地使用权人采取移除污染源、防止污染扩散等措施。

（十）实施风险管控活动中产生的废水、废气、固体废物应当依照法律法规和相关标准的要求进行处置。

（十一）实施风险管控的应当开展效果评估，并编制效果评估报告。

（十二）风险管控活动完成后，需要实施后期管理的，土壤污染责任人应当按照要求实施后期管理。

（十三）农业农村局应结合农用地土壤环境定期监测和评估结果，及时优化调整风险管控措施。

三、监督管理

（一）州生态环境局个旧分局和农业农村局在编制环境保护规划和农业发展规划时，应当包含农用地土壤风险管控的内容。

（二）农业农村局要会同州生态环境局个旧分局对农用地土壤风险管控的环境保护措施落实情况进行监督。

（三）农业农村局和州生态环境局个旧分局有权对本行政区域内的农用地土壤风险管控相关活动进行现场检查。被检查单位应当予以配合，如实反映情况，提供必要的资料。实施现场检查的部门、机构及其工作人员应当为被检查单位保守商业秘密。

（四）农业农村局和州生态环境局个旧分局应加强农用地土壤环境信息统计工作，健全农用地土壤环境信息档案，定期上传农用地环境信息系统，推进信息共享。

附录6　个旧市建设用地联合监管制度（试行）

个旧市建设用地联合监管制度（试行）

一、工作原则

坚持“风险管控、适度修复、安全利用”的原则，对拟收回土地使用权、已收回土地使用权，以及用途拟变更为居住用地和商业、学校、医疗、养老机构等公共设施用地的建设用地，由生态环境、自然资源、工信等部门联合进行监督管理，着力构建统一领导、事权清晰、权责明确、运转高效的监管体系。

二、工作方法

（一）建立完善建设用地联合监管名录。将从事过有色金属冶炼、化工等行业生产经营活动，以及从事过危险废物贮存、利用、处置活动的建设用地纳入名录，实施动态管理。

（二）依法确定建设用地土地使用权人。土地使用权人不明确或者存在争议的，由生态环境部门、自然资源部门联合开展认定。土地使用权人认定后，土地使用权人承担相应责任。

（三）落实建设用地污染防治责任。土壤污染责任人负有实施土壤污染风险管控和修复的义务，并承担相关费用；土壤污染责任人变更的，由变更后承继其债权、债务的单位或者个人履行土壤污染风险管控和修复等义务并承担相关费用；土壤污染责任人不明确或者存在争议的，按照国务院生态环境主管部门相关规定和办法认定；土壤污染责任人无法认定的，土地使用权人应当实施土壤污染风险管控和修复；土壤污染责任人和土地使用权人都无法认定的，由市人民政府组织实施土壤污染风险管控和修复。

（四）建立建设用地联合监管信息共享机制。构建政府统一领导，生态环境、自然资源、工信等分工负责的工作体系，生态环境部门负责共享土壤环境重点监管单位信息、建设用地土壤环境状况调查、风险评估、风险管控、治理与修复活动等信息；自然资源部门负责共享已收储、拟收储，以及用途变更等建设用地信息；工信部门负责共享拟关停并转、破产或搬迁企业信息。

（五）健全建设用地开发利用过程联合监管工作机制。结合建设用地土壤环境质量状况，严格土地收储、转让、利用等环节的监督管理。定期通报建设用地收储、用途变更、开发利用等信息，及时研究解决建设用地风险管控、修复以及安全利用等重点事项。

（六）探索建设用地风险管控和修复追偿制度。实施风险管控和修复后，能够确定污染责任人或者土地使用权人的，市人民政府可以向其追偿，并将追偿所得用于土壤污染防治工作。

（七）加强建设用地土壤污染风险识别和管控。新、改、扩建项目，应当在开展建设项目环境影响评价时，同步按照国家有关技术规范开展建设用地土壤和地下水环境现状调查，编制调查报告；新、改、扩建项目用地应当符合国家或者地方有关建设用地土壤污染风险管控标准；新、改、扩建项目的土壤和地下水环境现状调查，发现项目用地污染物含量超过国家或者地方有关建设用地土壤污染风险管控标准的，土地使用权人或者污染责任人应当参照污染地块土壤环境管理有关规定开展详细调查、风险评估、风险管控、治理与修复等活动；暂不开发利用或现阶段不具备治理修复条件的建设用地，由自然资源部门牵头划定管控区域，设立标识，发现污染扩散的，责成有关主体及时采取污染隔离、阻断等环境风险管控措施。

（八）强化建设用地国土空间总体规划过程防控。自然资源部门在组织编制国土空间总体规划要充分考虑土壤环境质量状况，合理规划土地用途，会同生态环境部门明确建设用地污染地块再开发安全利用风险管控或修复要求。对未按照有关要求开展土壤污染状况调查，或列入建设用地土壤污染风险管控和修复名录的，禁止开工建设任何与风险管控、修复无关的项目。

三、保障措施

（一）提高思想认识，强化组织领导。建设用地联合监管在政府的统一领导下组织实施，生态环境、自然资源、工信等部门要充分认识开展建设用地联合监管的重要意义，提高政治站位抓好各项工作落实。

（二）完善工作机制，强化责任落实。建立完善工作联络员会议、督查督办、情况通报、警示约谈等制度，及时研究解决建设用地风险管控、修复以及安全利用等重点事项，重大问题随时报告。

（三）严格跟踪问效，强化追责问责。综合运用通报、约谈、警示、曝光、督办等措施，对建设用地联合监管工作不负责、分工责任不落实、措施不得力的，坚决依法依纪问责。

附录 7 个旧市冶炼废渣管理办法（试行）

个旧市冶炼废渣管理办法（试行）

第一章 总 则

第一条 为防治冶炼废渣污染，维护生态环境安全，根据《中华人民共和国环境保护法》《中华人民共和国固体废物污染环境防治法》《中华人民共和国大气污染防治法》《中华人民共和国水污染防治法》等有关法律法规，制定本办法。

第二章 适用范围

第二条 本办法适用于个旧市行政区域内冶炼废渣污染环境的防治及其监督管理。

第三条 本办法所称冶炼废渣是指有色金属火法冶炼过程中产生的一般工业固体废物。

本办法所称冶炼废渣分为历史遗留冶炼废渣和新产生冶炼废渣。

历史遗留冶炼废渣，是指在本办法施行前已经存在并且无序堆放的冶炼废渣。新产生冶炼废渣，是指本办法施行后产生的冶炼废渣。

第三章 冶炼废渣污染环境的防治

第一节 一般规定

第四条 冶炼废渣污染环境的防治，实行减少冶炼废渣产生量和危害性、充分合理利用和无害化处置冶炼废渣的原则，促进清洁生产和循环经济发展。

第五条 冶炼废渣污染环境防治实行污染者依法负责的原则。产生冶炼废渣的单位应当建立、健全污染环境防治责任制度，采取防治冶炼废渣污染环境的措施，依法承担污染防治责任。

第六条 各乡镇人民政府（区公所、城区街道办事处）应当建立环境保护目标责任制和考核评价制度，将冶炼废渣污染环境防治工作纳入对本级人民政府负有环境保护监督管理职责的部门及其负责人的考核内容，作为对其考核评价的重要依据。

第七条 鼓励、支持采取有利于保护环境的集中处置固体废物的措施，促进固体废物污染环境防治产业发展。

鼓励单位和个人根据经济、技术条件对冶炼废渣开展综合利用。利用冶炼废渣不得污染环境，综合利用过程中产生的废渣纳入新产生冶炼废渣管理。

第二节　历史遗留冶炼废渣污染环境的防治规定

第八条 各乡镇人民政府（区公所、城区街道办事处）在本办法施行后，负责组织本辖区内历史遗留冶炼废渣防治责任认定工作，明确历史遗留冶炼废渣治理责任单位。无明确责任单位的，经各乡镇人民政府（区公所、城区街道办事处）审核上报，市政府审定后组织开展分类风险管控。

第九条 历史遗留冶炼废渣治理责任单位或责任人明确的，应当编制整治方案，明确整治内容、完成时限等，经专家论证通过后报生态环境部门备案后，按照方案明确的内容、时限等开展分类风险管控。逾期未完成或达不到要求的，由市政府委托第三方开展分类风险管控，其费用由责任单位或责任人承担。

第十条 各乡镇人民政府（区公所、城区街道办事处）应当督促辖区内产生冶炼废渣的单位，合理选择和利用原材料、能源和其他资源，采用先进的生产工艺和设备，减少冶炼废渣产生量，降低冶炼废渣的危害性。

第十一条 产生冶炼废渣的单位，应当健全污染防治责任制度，采取防治措施，防止或者减少冶炼废渣对环境的污染。

第十二条 新产生的冶炼废渣，必须“入棚、入库”，不得擅自倾倒、堆放、丢弃、遗撒冶炼废渣。

配套的“棚、库”等设施，必须采取防雨淋、防扬散、防渗漏、防流失等措施。

产生的冶炼废渣超过配套的“棚、库”等设施贮存容量的，产生冶炼废渣的单位应当委托具备综合利用能力或废渣处置资质的单位开展安全处置。

第十三条 产生冶炼废渣的单位必须对冶炼废渣实施动态管理，建立日台账记录，生态环境部门对动态管理情况进行监管。

产生冶炼废渣的单位必须制定年度冶炼废渣管理计划，管理计划应当包括冶炼废渣的预计产生量以及贮存、利用、处置等措施。并于每年 3 月 1 日前向生态环境部门和工信部门分别报告上年度冶炼废渣的产生量、流向、贮存、利用、处置等情况。

第十四条 产生冶炼废渣的单位应当按照规定制定冶炼废渣生态环境意外事故的防范措施，编制应急预案，或在突发环境事件应急预案中制定专章，并向生态环境部门备案。

第十五条 产生冶炼废渣的单位需要终止的，应当事先对冶炼废渣的贮存、处置的设施、场所采取污染防治措施，并对未处置的冶炼废渣做出妥善处置，防止污染环境。

产生冶炼废渣的单位发生变更或转让的，变更或转让后的单位应当按照国家有关环境保护的规定对未处置的冶炼废渣及其贮存、处置的设施、场所进行安全处置或者采取措施保证该设施、场所安全运行。变更或转让前当事人对冶炼废渣及其贮存、处置的设施、场所的污染防治责任另有约定的，从其约定；但是，不得免除当事人的污染防治义务。

对本办法施行前已经终止的单位未处置的冶炼废渣及其贮存、处置的设施、场所进行安全处置的费用，该单位享有的土地使用权依法转让的，应当由土地使用权受让人承担处置费用。当事人另有约定的，从其约定；但是，不得免除当事人的污染防治义务。

第四章 监督管理

第十六条 冶炼废渣转出单位及其接收单位应当将转移数量、利用处置方式及接收企业贮存、处置情况等有关信息报生态环境部门备案。

第十七条 冶炼废渣利用、处置单位必须依法进行环境影响评价和安全评价，并遵守国家有关建设项目环境保护管理和安全生产管理的规定。

第十八条 生态环境部门对冶炼废渣污染环境的防治工作实施统一监督管理。

发展改革、工信、交通运输、自然资源、应急管理等部门在各自的职责范围内组织开展冶炼废渣污染环境防治工作。

发改、工信等部门负责鼓励单位采用先进适用生产工艺和技术开展冶炼废渣综合利用。

生态环境、工信等部门负责督促单位开展清洁生产，并根据生产装置合理规划建设防雨淋、防扬散、防流失、防渗漏等冶炼废渣堆存场所。

交通运输等部门负责督促单位在冶炼废渣转移运输过程中的污染防治工作。

自然资源等部门负责加强对冶炼废渣贮存、利用、处置活动影响区域内未利用地的环境监管，发现土壤污染问题及时督促有关单位采取防治措施。

应急管理等部门负责加强对冶炼废渣贮存、利用、处置场所的安全监管。

生态环境部门和其他有关部门，有权依据各自的职责对产生冶炼废渣单位进行现场检查。现场检查时可以采取现场监测、采集样品、查阅台账或者复制相关资料，对违法违规贮存、利用、处置冶炼废渣造成环境污染的单位依法查处。

第十九条 生态环境部门负责组织对单位产生的冶炼废渣贮存、利用、处置等进行现场监管，并对违法违规行为及时进行查处。

第五章 法律责任

第二十条 违反本办法规定，按照《中华人民共和国环境保护法》《中华人民共和国固体废物污染环境防治法》《中华人民共和国大气污染防治法》《中华人民共和国水污染防治法》等有关法律法规规定，追究相应法律责任。

第六章 附 则

第二十一条 本办法由红河州生态环境局个旧分局解释。

第二十二条 本办法自发布之日起 30 日后施行，有效期三年。

附录 8 个旧市废渣环境风险隐患排查制度（试行）

个旧市废渣环境风险隐患排查制度（试行）

一、排查目的

（一）为动态了解和掌握个旧市废渣环境风险，为政府和生态环境部门研究制定废渣污染防治政策和计划，加强废渣监管执法和污染防治提供依据。

（二）本制度适用于个旧市废渣环境风险隐患排查工作。

二、排查范围和排查对象

（一）排查范围

排查范围为全市辖区内有色金属冶炼过程中产生的工业固体废物。

（二）排查对象

排查对象为产生或者可能产生废渣的工业企业。

三、排查内容

（一）排查各废渣产生单位开展废渣环境风险隐患排查及相关活动情况。

1. 是否建立废渣环境风险隐患排查制度；

2. 是否明确单位负责人和相关人员的责任；

3. 是否定期开展隐患排查；

4. 发现污染隐患的，是否制定整改方案，及时采取技术、管理措施消除隐患；

5. 隐患排查、监测等活动中发现土壤和地下水存在污染迹象的，是否对污染源进行排查，分析污染原因，采取措施防止新增污染；

6. 隐患排查和整改情况是否建档管理；

7. 隐患排查和整改情况是否记录详实，闭环销号；

8. 是否采取有效措施防控废渣对土壤、地下水等污染；造成污染的，承担治理与修复的主体责任；

9. 是否制定突发环境事件应急预案；

10. 发生突发环境事件时，是否采取有效应急措施避免或者减少污染；应急处置结束后，是否组织开展环境影响和损害评估工作；对需要开展治理与修复的，是否制定修复方案并组织实施；

11. 其他法律法规、标准等规定的情况。

（二）法律法规、标准等执行情况。

1. 排查各废渣产生单位《中华人民共和国固体废物污染环境防治法》《中华人民共和国土壤污染防治法》《个旧市冶炼废渣管理办法（试行）》等法律法规执行情况；

2. 按照《一般工业固体废物贮存和填埋污染控制标准》（GB 18599—2020）、《危险废物贮存污染控制标准》（GB 18597—2001）、《环境保护图形标志——固体废物贮存（处置）场》（GB 15562.2—1995）等的要求，重点排查以下内容：

（1）企业环境管理制度制定和执行情况；

（2）选址和设计情况；

（3）运行与管理情况；

（4）安全防护与环境监测情况；

（5）标志的图形符号类型、标志的形状及颜色、标志的使用和维护等情况；

（6）其他标准等规定的情况。

（三）废渣污染防治全过程管理情况，主要包括以下内容：

1. 是否建立废渣产生、收集、贮存、运输、转移、利用、处置等全过程的污染环境防治责任制度情况；

2. 是否完善废渣产生、收集、贮存、运输、转移、利用、处置等全过程的管理台账；

3. 废渣产生、收集、贮存、运输、转移、利用、处置等全过程的管理台账是否规范、详实；

4. 是否定期对废渣污染防治设施运行情况进行自查；

5. 污染防治设施是否正常稳定运行；

6. 是否每年 12 月 25 日前书面向生态环境部门报告本年度废渣产生、收集、贮存、运输、转移、利用、处置，以及污染防治设施运行等情况；

7. 是否按规定公开废渣污染防治相关活动信息；

8. 其他废渣污染防治管理的情况。

四、监督管理

（一）生态环境、发展改革、工信、交通运输、自然资源、应急管理等部门，依法对各自的职责范围内废渣环境风险隐患开展排查。

（二）发展改革、工信等部门负责鼓励废渣产生单位采用先进适用生产工艺和技术开展废渣综合利用，降低废渣环境风险。

（三）生态环境、工信等部门负责督促废渣产生单位合理规划建设防雨淋、防扬散、防流失、防渗漏等废渣堆存场所，防控废渣环境风险。

（四）交通运输等部门负责督促废渣产生单位在废渣转移运输过程中环境风险的防控。

（五）自然资源等部门负责加强对废渣贮存、利用、处置活动影响区域内用地情况的监管，发现废渣环境风险及时督促有关单位采取防治措施。

（六）应急管理等部门负责加强对废渣贮存、利用、处置场所的安全监管，防控因安全生产事故产生的环境风险。

五、法律保障

废渣产生单位未开展环境风险隐患排查，依据《中华人民共和国固体废物污染环境防治法》等依法进行查处。构成违反治安管理行为的，由公安机关依法给予治安管理处罚；构成犯罪的，依法追究刑事责任；造成人身、财产损害的，依法承担民事责任。

附录 9　个旧市冶炼废渣堆场污染风险排查整治工作制度（试行）

个旧市冶炼废渣堆场污染风险排查整治工作制度（试行）

一、冶炼废渣污染风险排查整治工作原则

为深入贯彻《中华人民共和国固体废物污染环境防治法》，进一步加强冶炼废渣污染防治，根据《个旧市冶炼废渣管理办法（试行）》，制定本制度。

（一）适用范围

本制度所称冶炼废渣是指有色金属火法冶炼过程中产生的一般工业固体废物。本制度适用于个旧市辖区内冶炼废渣堆场，以及产生冶炼废渣的单位污染风险排查整治工作。

（二）职责分工

个旧市污染防治领导小组办公室牵头，发展改革、工信、交通运输、自然资源、应急管理等部门在各自的职责范围内配合开展冶污染风险排查整治工作，职责分工根据《个旧市冶炼废渣管理办法（试行）》有关规定执行。

（三）落实企业主体责任

产生冶炼废渣的单位是污染风险排查整治工作的实施主体，应建立组织领导机构，配备相应的管理和技术人员，可根据自身技术能力情况，自行组织开展排查，或者委托相关技术单位协助完成排查。

二、冶炼废渣污染风险排查整治工作范围和要求

（一）工作范围

个旧市污染防治领导小组办公室牵头制定冶炼废渣污染风险排查整治清单，清单包括以下内容：

1. 列入云南省固体废物堆存场所排查整治，以及涉镉等重金属重点行业企业排

查整治清单的；

2.《个旧市冶炼废渣管理办法（试行）》规定应当排查整治的；

3. 渗漏、流失、扬散风险的。

（二）工作要求

按照“突出重点、逐步覆盖、综合排查”的原则，优先排查列入云南省固体废物堆存场所排查整治，以及涉镉等重金属重点行业企业排查整治清单的冶炼废渣堆场；逐步覆盖耕地重金属污染问题突出区域、有色金属冶炼集中区域的冶炼废渣堆场；综合排查土壤、地下水监测，以及现场监察存在异常的冶炼废渣堆场或企业。

（三）工作重点

冶炼废渣污染风险排查重点为是否有效切断重金属污染物进入周边环境的途径，包括以下内容：

1. 排查是否设置导流渠、渗滤液集排水设施、挡土墙、监测井等，堆放区域是否建立检查维护制度并定期检查维护挡土墙、导流渠等设施，是否设置地下水监测井并定期监测。

2. 排查废渣堆场是否明确设置图形标志，标志是否清晰、完整。

3. 产生冶炼废渣的单位是否对冶炼废渣进行全周期管控，包括：是否建立健全冶炼废渣产生、收集、贮存、运输、利用、处置全过程的污染环境防治责任制度、管理台账及冶炼废渣生态环境意外事故应急预案（或突发环境事件应急预案中相关章节）；冶炼废渣是否“入棚、入库”贮存，是否完善防渗漏、防雨淋、防流失、防扬散或者其他防止污染环境的措施；是否设置地下水监测井并定期监测；相关污染防治设施运行情况；委托他人运输、利用、处置冶炼废渣的合同、转移记录等。

三、冶炼废渣污染风险排查整治工作销号

排查整治工作结束后，应当建立冶炼废污染风险排查整治台账，编制排查整治报告，做出排查整治是否达到要求的结论。对达到整治要求的，予以销号；对整治未达到要求的，限期整改，逾期未完成，依法依纪追究相应人员责任。

四、冶炼废渣污染风险排查整治工作档案管理

按照《环境保护档案管理办法》规定，建立冶炼废渣污染风险排查整治工作“一场一档”，实行动态管理。档案包括以下内容：历史遗留冶炼废渣的基本信息包

括冶炼废渣堆场地点、历史年限、责任主体、废渣数量等；新产生冶炼废渣的基本信息包括产生单位的名称、审批资料、冶炼废渣贮存情况、利用处置方式、利用委托单位、冶炼废渣管理责任制度、管理台账、冶炼废渣生态环境意外事故应急预案（或突发环境事件应急预案中相关章节）等。

五、其他工作要求

一是建立企业冶炼废渣管理信用记录制度，每年度向社会公布未达标企业名单。

二是各有关部门加强协作，共同做好冶炼废渣污染风险排查整治工作。

附录 10　历史遗留冶炼渣堆原位风险管控技术指南

历史遗留冶炼渣堆原位风险管控技术指南
（DB53/T 1170—2023）

1　范围

本指南规定了历史遗留冶炼渣堆原位风险管控的基本原则、工作程序、内容和技术要求。

本指南适用于历史遗留冶炼渣堆的原位风险管控，其他类型渣堆的风险管控经充分论证后可参考本指南实施。

2　规范性引用文件

下列文件中的内容通过文中的规范性引用而构成本文件必不可少的条款。其中，注日期的引用文件，仅该日期对应的版本适用于本文件；不注日期的引用文件，其最新版本（包括所有的修改单）适用于本文件。

GB 18599　一般工业固体废物贮存和填埋污染控制标准

GB 50201　防洪标准

GB 50021　岩土工程勘察规范

GB 51220　生活垃圾卫生填埋场封场技术规范

GB 50108　地下工程防水技术规范

GB 50290　土工合成材料应用技术规范

GB 15618　土壤环境质量　农用地土壤污染风险管控标准（试行）

GB/T 51403　生活垃圾卫生填埋场防渗系统工程技术标准

GB/T 17643　土工合成材料聚乙烯土工膜

HJ 2035　固体废物处理处置工程技术导则

HJ 25.6　污染地块地下水修复和风险管控技术导则

HJ 164　地下水环境监测技术规范

HJ 1114　伴生放射性物料贮存及固体废物填埋辐射环境保护技术规范（试行）

HG/T 20717　污染场地岩土工程勘察标准

CJ/T 340　绿化种植土壤

JG/T 193　钠基膨润土防水毯

JT/T1087.1　公路工程土工合成材料排水材料　第一部分：复合排水网

TD/T 1036　土地复垦质量控制标准

CECS 457　钠基膨润土防水毯应用技术规程

3　术语和定义

下列术语和定义适用于本文件。

3.1　冶炼废渣 Smelting Slag

有色金属、黑色金属火法冶炼过程中产生的一般工业固体废物。

3.2　历史遗留冶炼渣堆 Historical Reserved Smelting Slag Pile

因历史原因形成的不规范堆存的冶炼废渣堆体。

3.3　原位风险管控 In-situ Risk Management & Control

在原址直接对渣堆采取的截断污染物迁移、暴露途径，控制环境风险的管控措施。

3.4　原位风险管控区域 Area of In-situ Risk Management & Control

废渣堆存的占地边界内区域。

4　基本原则和工作程序

4.1　基本原则

4.1.1　因地制宜原则：应充分考虑历史遗留渣堆的现状特征，结合场地的工程、水文地质条件和周边环境敏感目标分布等因素，选择技术方案。

4.1.2　可行性原则：综合考虑技术和经济等因素，做到技术可行、经济合理。

4.1.3　风险可控原则：综合考虑渣堆雨水淋溶、扬尘扩散、地下水渗流等主要风险因素，截断污染源—途径 - 受体风险链。

4.2　工作程序

工作程序如图 1 所示，包括调查评估、工程设计、工程实施、竣工验收及运营维护五个阶段。

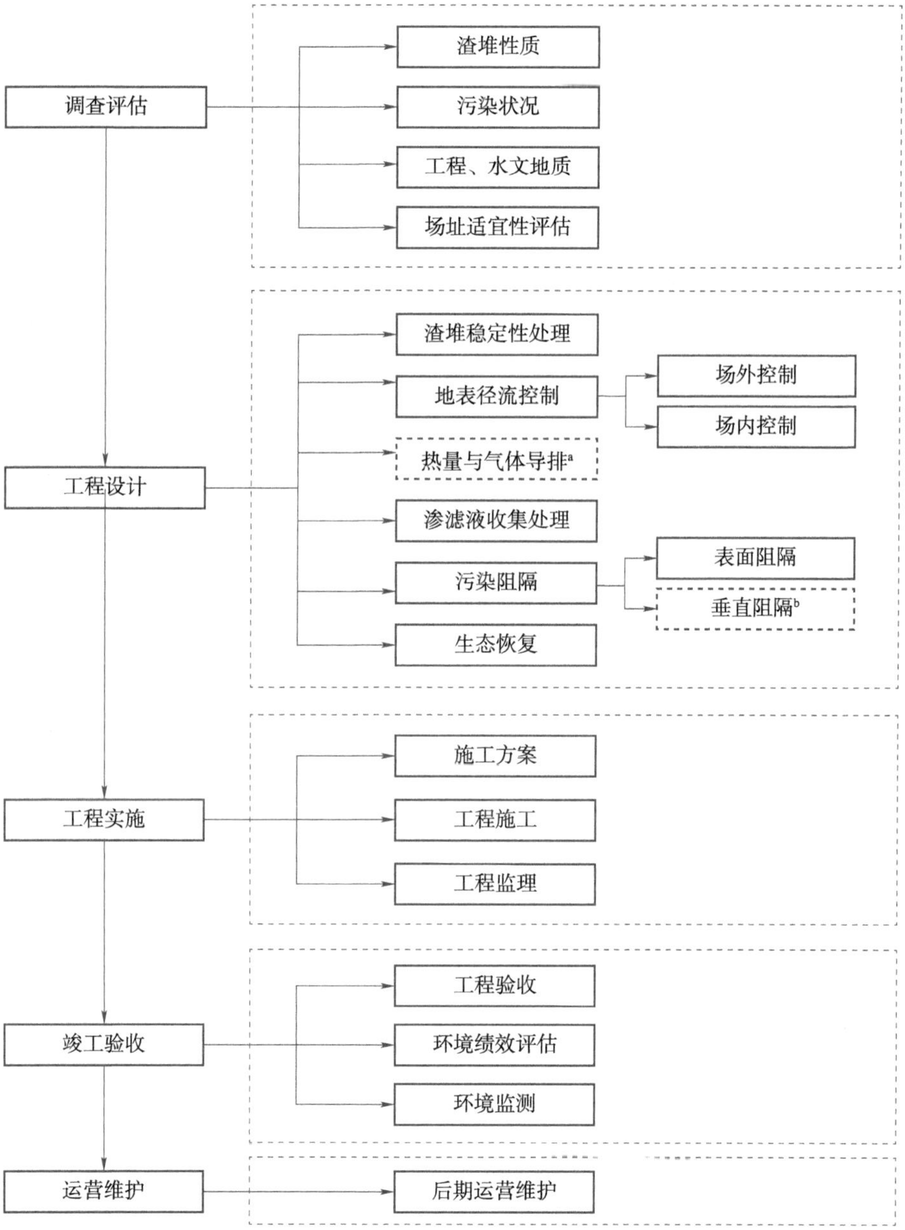

注：[a] 如在调查评估阶段发现渣堆内存在气体或者热量逸出情况，管控工程中应有热量与气体导排措施。
[b] 如在调查评估阶段发现渣堆有明显侧向补给的或存在地下水污染扩散风险的，管控工程中应有垂直阻隔措施。

图 1　工作程序

5 调查评估要求

5.1 调查要求

5.1.1 渣堆性质调查应查明废渣属性、成分含量，渣堆稳定性、占地面积、堆高、渣量、放射性等基础信息。

5.1.2 污染状况调查应查明渣堆所在区域土壤和地下水污染程度、范围及环境风险，构建场地概念模型。

5.1.3 工程、水文地质勘察范围应以渣堆为中心，包括管控工程有关的主要构筑物以及邻近相关地段；查明渣堆所在区域的水文地质单元情况及地下水开发利用情况，掌握渣堆所在区域岩土构造和水文地质特征等。

5.2 场址适宜性评估

5.2.1 评估要求

5.2.1.1 应对照场址适宜性评估条件逐一进行评估。

5.2.1.2 不满足适宜性评估条件，但确需实施原位风险管控的，应开展相应专题论证。

5.2.2 适宜性评估条件

5.2.2.1 不应位于江河源头水保护区，集中式饮用水水源地（包括已建成的在用、备用、应急水源地、在建和规划的水源地等）保护区。

5.2.2.2 不应位于江河、湖泊、水库、最高水位线以下的滩地和洪泛区，以及国家和地方长远规划中的水库等人工蓄水设施的淹没区和保护区之内。

5.2.2.3 不应位于活动性断裂区域，以及岩溶发育的碳酸盐岩地区。

5.2.2.4 不应位于天然崩塌、滑坡、泥石流等地质灾害易发区域。

5.2.2.5 不应位于跨省（自治区、直辖市）界，以及其他易引起跨界污染纠纷的地带。

5.2.2.6 不应有下伏采空区。

5.2.2.7 距离重要公路、铁路、机场等基础设施不应小于 100 m。

5.2.2.8 渣堆底部距地下水位不应低于 1.5 m。

6　工程设计要求

6.1　一般规定

6.1.1　原位风险管控工程一般应包括：

a）渣堆稳定性处理；

b）地表径流控制；

c）渗滤液收集处理；

d）表面阻隔；

e）生态恢复。

6.1.2　如在调查评估阶段发现渣堆内存在气体或者热量逸出的情况，风险管控工程中应有热量与气体导排措施。

6.1.3　如在调查评估阶段发现渣堆有明显侧向补给的或已对地下水造成污染且可能存在扩散风险隐患的，风险管控工程中应有垂直阻隔措施。

6.1.4　原位风险管控工程应根据本指南相关要求编制实施方案，编制大纲可参考附录 A。

6.2　渣堆稳定性处理

6.2.1　应对渣堆进行稳定性分析，并结合渣堆形状、用地红线以及未来土地利用方式确定渣堆稳定性处理方案。

6.2.2　稳定性处理后渣堆表面应平整，密实，无积水、树根、尖锐物以及直径大于 100 mm 块状物等。

6.2.3　渣堆整形后，渣堆顶面坡度应介于 5%～10% 之间；坡度设置还应考虑堆体沉降因素，防止因渣堆沉降形成倒坡。

6.2.4　整形后渣堆边坡坡度不宜大于 1∶3，并应根据降雨强度和边坡长度确定边坡台阶及排水设施的设置方案，边坡两台阶之间的高差宜为 5～10 m，平台宽度不宜小于 2 m。

6.2.5　边坡及平台压实度应不小于 80%。

6.2.6　渣堆整形应尽量减少对渣堆的扰动，施工过程须做好防雨、防扬尘和雨水导排、收集、处理等措施。

6.2.7　特殊边坡可采用挡墙（拦渣坝）支挡、土工格栅加固、混凝土骨架护坡等工程措施进行处理。

6.2.8 拦渣坝或挡墙内侧及顶面应进行防渗处理，渗透系数应小于 1×10^{-7} cm/s。

6.3 地表径流控制

6.3.1 场外控制

6.3.1.1 渣堆周边的防洪设施应按不小于 50 年一遇的防洪标准设计。

6.3.1.2 有防洪设施的渣堆，应对原设施进行评估和校核，对不符合标准及受损的应给予改造和修缮。

6.3.1.3 无防洪设施的渣堆，应在堆场周边建设截洪沟，截洪沟顶部标高应与周边地形匹配，保证场内、外径流进入。典型设计示意图见附录 B（略）。

6.3.1.4 填方段截洪沟基础要求压实度大于 95%。

6.3.1.5 应在截洪沟出口处设置沉砂池。

6.3.1.6 陡坎处应设置跌水式排水沟。典型设计示意图见附录 B（略）。

6.3.1.7 渣堆周边存在滑坡风险的区域，应实施护坡工程。

6.3.2 场内控制

6.3.2.1 渣堆顶面、边坡及平台应设置平台排水沟，排水沟集水面积不宜超过 500 m^2，断面尺寸应根据汇水量进行计算。

6.3.2.2 排水沟与表面覆盖排水层之间应设置反滤包及排水孔，每隔 1m 设置 1 个排水孔，开孔处包裹碎石 150 mm（长）×150 mm（宽）×100 mm（高），碎石连接另一端包裹复合排水网，典型设计示意图见附录 B（略）。

6.3.2.3 排水沟通过砂浆抹面从分水岭产生坡度，分水岭处砂浆抹面高度不宜小于 200 mm，向两侧导排。

6.3.2.4 排水沟应采用防不均匀沉降的结构或选择抗不均匀沉降的材料。

6.4 热量与气体导排

6.4.1 导热导气井应按照每 50 m × 50 m 的网格不少于一口的密度设置，导排孔应用钢筋网护壁，导排管壁与钢筋网之间填充粒径 20～40 mm 的碎石。

6.4.2 导热导气井管直径不宜小于 200 mm，排气口上沿应高于植被保护层 500 mm，并设置 90° 弯头，防止雨水及杂物进入；导排管底部标高不得高于渣堆底部 1 m。典型设计示意图见附录 B（略）。

6.5 渗滤液收集处理

6.5.1 在渣堆下游边缘处应布设导排盲沟，盲沟宜采用砾石、卵石或碎石铺设，石料的渗透系数不应小于 1.0×10^{-3} cm/s。特殊地形情况需根据实际情况设置渗滤液收集井对渗滤液进行收集。盲沟宽度应不小于 600 mm，高度不小于 500 mm，坡度应不小于 2%，内铺粒径 20～60 mm 的碎石。典型设计示意图见附录 B（略）。

6.5.2 盲沟内应设置收集管，收集管应符合下列规定：

a）管径应根据渣量设置，一般不宜小于 200 mm，管道上半缘环向间隔 30° 开孔，管道纵向孔间距不小于 100 mm，开孔直径 12 mm，周边采用不小于 200 g/m^2 的土工滤网包裹，并置于导排盲沟内；

b）管道材料规格、材料性能应符合设计要求和有关标准规定；

c）管道连接应采用热熔焊接，加热工具和管道焊接表面应干净、无损坏；

d）所有暴露的管道端头应用端帽临时覆盖以防止异物或其他外物进入管内；

e）管节间焊缝表面应平顺、均匀，不得有裂纹、气孔等缺陷；

f）管道安装允许偏差应符合表 1 的规定。

表 1 管道安装允许偏差

项目	允许偏差（mm）	检验频率		检验方法
		范围（m）	点数	
轴线位置	50	30	1	尺量检验

6.5.3 渗滤液收集池容积应根据渗滤液产生情况确定，但不宜超过一个月的最大渗滤液收集量；渗滤液应进行收集处理，水质满足附近受纳地表水水体功能则可直接排放。已有行业、区域或地方污染物排放标准规定的，应执行相应标准。

6.6 表面阻隔

6.6.1 典型表面阻隔层结构从上到下分别为植被保护层、排水层、阻隔层、膜下保护层。典型设计示意图见附录 B（略）。

6.6.2 植被保护层

6.6.2.1 宜有利于植被生长，厚度一般不小于 500 mm。植被保护层用土应分层压实，底部 200 mm 土层压实度不宜小于 90%，上部 300 mm 土层压实度不宜小于 80%。

6.6.2.2 土质构建面应平整、均匀，无空洞、松土、积水、树根及尖锐物等；不能有凸出 20 mm 以上的物体。

6.6.3 排水层

6.6.3.1 排水层应选用复合土工排水网，厚度不小于 5 mm，其纵向导水率不小于

3.0×10^{-3} m^2/s。

6.6.3.2 复合土工排水网的排水方向应与水流方向一致。

6.6.3.3 边坡上的复合土工排水网不宜存在水平接缝。

6.6.3.4 复合土工排水网的施工中，土工布和土工排水网均应分别和同类材料连接。土工排水网搭接部位应使用塑料扣件或聚合物编织带连接，沿卷长方向连接间距不宜大于 1.5 m；底层土工布应自然搭接，上层土工布应缝合连接，土工布应全面覆盖土工排水网。

6.6.4 阻隔层

6.6.4.1 阻隔层应选用高密度聚乙烯膜（HDPE 膜），厚度不应小于 1.0 mm，渗透系数应小于 1×10^{-12} cm/s，并满足 GB/T 17643 规定的技术指标要求。采用其他人工合成材料的，其防渗性能至少相当于 1.0 mm HDPE 膜的防渗性能。

6.6.4.2 所使用的焊条与 HDPE 膜应为同一材质，并由同一家工厂采用相同材料生产，不得采用代用焊条。

6.6.4.3 每天展开的 HDPE 膜数量不应超出当天合理的焊接量，膜的铺设应按照铺设规划图，沿一个方向逐片铺设。

6.6.4.4 HDPE 膜铺设应在适宜温度进行，在低于 0℃和高于 40℃的气温下，禁止进行膜铺设。

6.6.4.5 HDPE 膜采用人工滚铺，表面要平整，并适当留有变形余量。HDPE 膜分段施工时，铺设后应及时完成上层覆盖，裸露在空气中的时间不应大于 30 天。

6.6.4.6 所有外露的 HDPE 膜边缘应及时用砂袋或者其他重物压载，避免 HDPE 膜被风吹起或被拉出周边锚固沟。

6.6.4.7 边坡与底部 HDPE 膜的焊接应在 5～35℃下进行，任何时间段，其悬空高度应不超过 300 mm；现场焊接牢固，典型设计示意图见附录 B（略）。HDPE 膜焊缝的搭接宽度及允许偏差应符合表 2 的规定。

表 2 高密度聚乙烯膜（HDPE）焊缝的搭接宽度及允许偏差

项目	搭接宽度及允许偏差（mm）	检验频率		检验方法
		范围（m）	点数	
热熔焊接	100±20	20	1	尺量检验
挤出焊接	70±20	20	1	尺量检验

6.6.4.8　每个焊接技术人员和焊接机器组合应每天在施工焊接之前进行试焊及焊接检测，试焊的技术人员、设备、HDPE 膜材料和机器配置应与施工时完全相同。

6.6.4.9　在试焊样品上，取宽 25.4 mm 的检测样三个进行撕裂强度和抗剪强度的定性检测，检测样出现一个不合格，判定焊接检测不合格及试焊失效，未通过焊接检测的焊接人员和焊接设备不应进行焊接工作。

6.6.4.10　HDPE 膜铺设焊接后，应进行全面的检查，焊缝表面应整齐、美观，不得有裂纹、气孔、漏焊或跳焊缺陷，存在缺陷的焊缝应重新焊接。

6.6.5　膜下保护层

6.6.5.1　膜下保护层应包括黏土层和防水毯，其中黏土层厚度不应小于 100 mm，压实度不低于 90%；防水毯应选用不小于 4 800 g/m^2 的钠基膨润土防水毯或同类规格材料。防水毯铺设前应区分无纺布和编织布面，确保无纺布面对着迎水面。

6.6.5.2　材料在工地应架空存放，避免防水毯浸泡在水中，未使用时应用塑料薄膜将产品全部盖住，以防雨水渗入。

6.6.5.3　防水毯的施工应在无雨天气下进行，施工时如遇下雨，应用塑料薄膜进行遮盖，防止提前水化。

6.6.5.4　防水毯的搭接缝离拐角不应小于 500 mm。

6.6.5.5　搭接处应紧密贴服、平整、严禁皱折，搭接部位施工应符合设计要求。

6.6.5.6　搭接宽度不应小于 300 mm；相邻幅面的防水毯应错缝铺设，错缝间距不应小于 600 mm。

6.6.5.7　不规则部位的搭接缝除应采用膨润土粉或膨润土胶泥外，还需采取缝合或者黏结等其他加强措施。

6.6.6　锚固

6.6.6.1　宜采用锚固沟型式，锚固沟应符合实际地形情况，以适应高度的变化。锚固沟典型设计示意图见附录 B（略）。

6.6.6.2　高差 5～10 m 宜设置一锚固平台。

6.6.6.3　锚固沟型式宜采用矩形，且距离边坡边缘应不小于 1.0 m。

6.6.6.4　锚固沟断面尺寸、水平覆盖距离及覆盖厚度等应按照 HDPE 膜的最大允许拉应力进行计算确定，断面尺寸不宜小于 0.8 m × 0.8 m。

6.6.6.5　在高陡边坡及其他无法获得足够锚固尺寸的情况，可采用其他同等效力的锚固方法。

6.6.6.6 防渗系统工程材料转折处不得存在直角的刚性结构，应做成弧形结构。

6.6.6.7 在锚固沟顶部，应按设计要求预留一定的防渗膜，以备局部下沉拉伸。

6.7 垂直阻隔

6.7.1 垂直阻隔帷幕的渗透系数宜小于 1×10^{-7} cm/s。

6.7.2 应根据场地隔水层条件、地形及稳定情况，渣堆周边地面设施情况等因素，选择经济合理的垂直阻隔技术。常见的垂直阻隔技术见表 3。

表 3 垂直阻隔技术种类与特点

技术种类	适用介质类型	技术特征
土－膨润土隔离墙	各类岩土地层，包括砂卵石层、碎石土层、砂土层、粉土层	优点：防渗性能好，渗透系数可达 10^{-7} cm/s；软塑性墙体材料与两侧岩土体无缝接触；工程造价低；施工简便，工艺成熟；施工深度可达 30 m 以上。 缺点：1）墙体材料软弱，上部承载力小；2）地下水位线以上的墙体可能存在干缩裂缝，应采取防护措施
水泥－膨润土隔离墙	各类岩土地层、包括砂卵石层、碎石土层、砂土层、粉土层	优点：防渗性能好，渗透系数约为 10^{-6} cm/s，通过回填材料改性，渗透系数可达 10^{-7} cm/s；墙体材料强度高，压缩性低，可用于斜坡场地。 缺点：受地块限制，一般用于平地
HDPE 膜隔离墙	所有地基类型	优点：防渗性能好，无破损 HDPE 膜渗透系数可达 10^{-12} cm/s，适用于各种地层。 缺点：1）HDPE 膜底端难以嵌固；2）防渗效果会受 HDPE 膜缺陷影响；3）地下水水位上升容易造成土工膜气胀，应做好排水排气
水泥帷幕灌（注）浆墙	裂隙岩体、透水性较好的砂卵石层、碎石土层等	优点：适用于复杂地层。 缺点：1）钻孔作业难度大，造价高；2）防渗效果受地质条件影响很大，应准确查明注浆范围内的地质条件，如断层、破碎带、洞穴等
高压喷射灌浆墙	素填土、粉土、黏土等地层	优点：钻探作业难度低、效率高。 缺点：1）遇到砂层、卵砾石层、含块石人工填海地层、混凝土旧基础、基岩等复杂地层时无法钻进或产生桩位偏移；2）当钻深较大时，成孔垂直度偏差较大；3）施工期间孔口处返出大量废浆，废浆中含大量水泥，其外运消纳难度大；4）长期防渗效果不能得到保证
水泥搅拌桩墙	除碎石土地层之外的各种土层条件	优点：造价低廉，效率高，适用性强。 缺点：1）不适合卵砾石层、基岩；2）钻探深度浅，一般在 30 m 以内；3）长期防渗效果不能得到保证

续表

技术种类	适用介质类型	技术特征
渗透反应墙	各类岩体、砂卵砾石层、砂土层、碎石土层	优点：处理多种污染物（如重金属、有机物等）、扰动小、处理效果好、安装施工方便、性价比相对较高。 缺点：1）反应墙介质容量有限，应定期更换活性物质；2）反应介质导致污染物沉淀，使地下水在反应墙及其附近流场发生变化，反应介质堵塞会导致反应墙失效

6.8 生态恢复

6.8.1 在风险管控工程完毕后，应进行覆土绿化；覆土绿化范围应包括整个管控区及因施工造成的植被破坏区，植被恢复后形成的植被覆盖率应不小于80%。

6.8.2 绿化种植土壤应符合CJ/T 340的有关规定，并应符合所选植物种植的要求。对于重金属高背景值区域，绿化种植土壤中重金属含量不能超过区域的环境背景值。

6.8.3 绿化种植应与周边土地利用方式及景观相协调，不应使用深根系植物。宜选用波斯菊、狗牙根、高羊茅、戟叶酸模等耐贫瘠、耐干旱、根系发达的本土草本植物。

6.8.4 应根据当地气候条件、水源、土质等因素设置节水型灌溉系统。

6.9 其他要求

6.9.1 应在管控场地醒目位置设置标识标牌，以起到提醒和警示作用。

6.9.2 管控场地周围应采用栅栏等设施进行围挡，围挡高度不低于1.5 m，防止人员和牲畜误入。

6.9.3 原则上管控场地不得开发利用，但确需开展土地复垦的，实施过程应满足TD/T 1036的规定；土地复垦后用作农用地的，应满足GB 15618的要求。

7 工程施工要求

7.1 工程实施单位应开展现场踏勘，核实工作任务和要求，按照实施方案编制施工组织设计。

7.2 施工前组建技术和工程实施队伍，并开展必要的施工前技术培训，掌握渣堆周边环境条件、施工条件、交通现状、水电接入点位置等；所有管理人员和施工人员、拟投入的机械设备、拟投入的材料等须全部准备到位。

7.3 施工过程须做好二次污染防治、水土保持和安全防护，并针对可能出现的突发事件制定应急预案。

7.4 项目实施过程中应聘请独立工程监理单位，制定工程监理方案，监督工程质量和环境影响等。

7.5 堆体稳定性处理、表面阻隔、垂直阻隔、埋地管线铺设等所有隐蔽工程，应按照实施方案、施工组织设计和监理方案等要求和相关验收规范及时进行中间验收。

8 竣工验收要求

8.1 工程验收

8.1.1 根据实施方案确定的分项工程内容进行验收；验收时应提供施工报告、全套竣工图、所有材料的现场及实验室检测报告，以及人工防渗衬层完整性报告，施工质量保证书等作为工程竣工验收的依据。

8.1.2 工程验收指标至少应包括：

a）废渣规范围挡率应达到 100%；

b）场外雨水导排率应达到 100%；

c）植被覆盖率应达到 80% 及以上。

8.2 环境绩效评估

8.2.1 环境绩效评估应包括项目实施后对大气、地表水、地下水等环境要素改善情况的评估。

8.2.2 环境绩效评估应由第三方效果评估单位独立进行，并出具效果评估报告。

8.3 环境监测

8.3.1 总体要求

在施工前、施工中及施工后应对大气、地表水、地下水、渗滤液等进行环境监测。

8.3.2 大气环境监测

8.3.2.1 监测点位应布置在渣堆上风向、下风向及渣堆顶部。

8.3.2.2 应根据 GB 3095 相关规定和监测要求，监测总悬浮颗粒物（TSP）及废渣的特征污染物，同步记录风速、风向、气压、气温、相对湿度等气象条件。

8.3.2.3 风险管控工程施工前、后各开展一次监测。

8.3.3 地表水环境监测

8.3.3.1 监测点位应布置在受渣堆影响的地表水上、下游。

8.3.3.2 应根据 GB 3838 相关规定和监测要求，监测指标应重点关注废渣的特征污染物。

8.3.3.3　风险管控工程开工前应至少开展一次本底地表水环境监测；工程完工后应至少在丰水期、枯水期和平水期分别监测一次。

8.3.4　地下水环境监测

8.3.4.1　应在地下水流向的上下游及可能污染扩散的区域设置地下水监测井，场外监测井数量应不少于三口；当地质和水文地质资料表明地下水埋深 50 m 以上时可以减少地下水监测井数量，但应依托地下水流向下游方向的监测井、民井、泉水出露点等开展地下水监测工作。地下水监测井的结构示意图见附录 B（略）。

8.3.4.2　监测指标应重点关注废渣的特征污染物。

8.3.4.3　风险管控工程开工前应至少开展一次本底地下水环境监测；工程完工后应至少在丰水期、枯水期和平水期分别监测一次。

8.3.5　渗滤液监测

8.3.5.1　当收集池内水位达到设计最高水位的 60% 或转运处理时，应开展监测。

8.3.5.2　监测指标应重点关注废渣的特征污染物。

9　运营维护要求

9.1　工程验收后应加强植被管养，保持场内道路、围挡等设施完好。

9.2　每半年检查场内排水沟、截洪沟、导热导气井、监测井、渗滤液收集池等设施，发现损坏的应及时维修。不得在风险管控场地内及周边进行开挖、钻探、注浆、打桩等可能影响风险管控措施完整性的活动。确需开展时必须向有关部门报备，并采取必要措施防止潜在风险的发生。

9.3　工程验收后应对地下水监测井水质开展跟踪监测，风险管控工程完成后三年内，每年不少于三次地下水监测，三年后应纳入当地的日常环境监测计划。

9.4　工程验收投入使用后，应开展回顾性评价（回顾性评价周期为 5 年），全方位地调查评估确定风险管控是否继续。

附 录 A

（资料性）

《历史遗留冶炼渣堆原位风险管控实施方案》参考大纲

1 总论

1.1 项目背景

1.2 项目必要性及意义

1.3 编制依据

1.4 指导思想

1.5 技术路线

1.6 工程范围及建设内容

1.7 目标及考核指标

2 环境调查与评估

2.1 区域环境概况

2.2 渣堆调查情况

2.2.1 基础信息

2.2.2 渣堆信息

2.2.3 污染状况调查

2.2.4 水文地质调查

3 场址适宜性评估

4 工程方案设计

4.1 堆体稳定性处理

4.2 地表径流控制

4.4 热量与气体导排

4.5 渗滤液收集处理

4.6 污染阻隔

4.6.1 表面阻隔

4.6.2 垂直阻隔

4.7 生态恢复

4.8 工程量清单

5 组织与实施

5.1 组织实施架构

5.2 进度计划

5.3 项目招投标

5.4 施工期质量保证 / 质量控制

5.5 管控效果评估

5.6 竣工验收

6 环境管理计划

6.1 施工过程中的污染防治

6.2 人员安全保护措施

6.3 环境监测计划

6.4 环境应急预案

7 投资估算

8 效益分析

9 结论与建议

9.1 结论

9.2 问题与建议

10 附图与附件

a）项目区域位置图；

b）周边敏感目标分布图；

c）调查采样布点图；

d）水文地质图；

e）工程地质剖面图；

f）工程平面布置图；

g）专项工程设计图；

h）勘测报告；

i）检测报告。